ものづくり研究

「金型」入門

堀 幸平
KOHEI HORI

幻冬舎
MC

はじめに

日本の経済力は陰りを見せていると一部でいわれていますが、それでも国内総生産（実質GDP）において世界3位に君臨しています。経済産業省の2017年のデータによれば、GDP世界1位はアメリカで約17兆3500億ドル、2位は中国で約10兆1600億ドル、続く日本は約6兆1600億ドルです。

日本のGDPの約2割は、製造業によって支えられているのですが、そのなかには、年間売上高が1兆円以上となる製品分野が26もあります。なかでも自動車製品は世界シェアの2割以上を占めており、売上高にして年間約60兆円規模を誇っています。

また、日本が世界シェアの6割以上を占めている製品分野は270にも上ります。この数は、アメリカ（124）、欧州（47）、中国（73）をはるかに上回っており、日本の製造業が多岐にわたって世界的に支持されていることをよく示す事実といえるでしょう。日本が「ものづくり大国」と呼ばれるのは、「メイド・イン・ジャパン」のさまざまな製品が、世界中で重要な役割を担っているからなのです。

製造業で優れた業績を上げるには、高品質の製品を大量生産できる能力が必要とされます。例えば、トヨタは1カ月に68万台超ものペースで自動車を生産することが可能です（2019年8月データ）。単純計算すれば、毎日3万個以上もの同じ製品を、部品供給会社などの取引先と連携しながら日本各地、世界各地の工場で作り続けることができるのです。

では、「その大量生産の立役者は？」と聞かれたら、皆さんは、何をイメージするでしょうか。トヨタをはじめ、世界企業に成長した多くのメーカーを思い浮かべる人は多いかもしれません。

もちろん、そうした企業が効率的でムダの少ないものづくりの方法を長年研究、確立、改善し、「メイド・イン・ジャパン」の価値を高めてきたことは事実です。しかし、「効率的にものをつくる方法」だけが存在しても、大量生産が可能になるわけではありません。

大量生産を可能にする日本ものづくり産業の立役者――それは、本書のタイトルにもある「金型（かながた）」であり、金型を作る職人たちです。

金型とは、簡単にいえば、原材料を部品の形にする「型」のことです。鯛焼きは、開いた型の片方に生地を流し込み、パタンと型を閉じてまた開くと、何個も同じものが出来上がります。製品で使われるたくさんの部品もまた、このような考え方で金型を用いて大量に生産されているのです（実際には、さまざまな方法がありますが、それは本編で紹介します）。

つまり製品を作るためには部品が必要であり、部品を作るためには金型が必要ということです。

そしてこの金型こそ、製品がモノとして誕生する原点なのです。

当然、製造業で必要とされる金型は、鯛焼きの型とは比べものにならないほど精密です。例えば、自動車は3万点以上の部品で作られていますが、「走行中に振動でネジが外れた」といったアクシデントを身近で聞いたことがある人は、ほぼ皆無でしょう。それどころか、何年も乗っていても大きな故障がないことのほうが、多いのではないでしょうか。

私たちの暮らしは、もはや金型なしでは成り立ちません。マスクも、コンタクトレンズも、消しゴムも、金型から作られています。靴もカバンも化粧品も、金型がなかったら今の価格で買うことはできません。すべてが手作りなら、それらを手掛ける「○○作り職人」が1日数個といったペースで作ることになるでしょうから、現在は1個数百円で買えるものが、1万円、2万円、あるいはそれ以上の大変高価なものになってしまうはずです。

私たちの豊かな暮らしの、そして、日本製品のクオリティの源泉ともいえる金型業界は、金型を作る人、いわゆる金型職人によって支えられています。「職人」と聞くと、どこか古臭い感じがするかもしれませんが、もし皆さんが、そんなイメージでこの業界を敬遠してしまうとしたら、それは非常にもったいないことです。金型職人たちは、常に最先端の製品作りに関わりながら、同時に、0・1ミリの違いが指先で分かるような鋭敏な感覚を仕事を通して身に付けていきます。今やものづくりの最先端では、ナノ単位(0・000001ミリ)の精密さが問われており、日本の製造業はそのトップを走っています。そのチャレンジを可能にしているのが、金型職人というプロフェッショナルなのです。

私は、金型のメンテナンス機器を扱う会社を経営しています。仕事を通して日本中の金型工場に足を運び、その経営者や現場の職人たちと触れ合ってきました。そこで私は、知られざる金型業界の様子や魅力について皆さんにも知ってほしいと思い、この本を書くことにしました。金型を作る仕事がいかにクリエイティブでエキサイティングなのか、きっとお分かりいただけると思います。

実際、私の知る金型職人たちは、「次に仕事を選ぶとしたら……金型だな」と口をそろえて言います。それは金型という仕事には、自分のやり方で考える楽しさ、イチから作る楽しさ、そして、いつも新製品に関わっているというやりがいがあるからだと思います。

この本を通して、金型と金型職人について、少しでも興味を持ってもらえたら、著者としてうれしく思います。

ニッポンものづくり研究「金型」入門　目次

[第5章] 機械化が進んでも金型の仕事はなくならない
時代を超えて生き残る金型職人とは

［第1章］

アナログなのに最先端！昔も今も日本のものづくりを支える「金型」とは

ペットボトルはどうして水漏れしないのか？

皆さんは、1日に何本くらい、ペットボトルの飲み物を買っているでしょうか。お茶や水、炭酸飲料にスポーツドリンクと、スーパーマーケットやコンビニエンスストアに行けば、色とりどりのボトルがずらりと並んでいます。そのなかから、好きなボトルを取り、レジに向かう。当たり前の光景です。そのボトルを飲みかけのまま、カバンに入れて持ち歩くこともまた、皆さんにとっては無意識の行動かもしれません。

このようにカバンに入れた飲みかけのペットボトルは、いったい、どうなっているでしょうか。

そう、何も変わらずそのままでいる。これが普通です。

移動中や移動した先でペットボトルを取り出し、蓋を空け、中身を飲んで蓋を閉め、再びカバンに戻す。日本中で繰り返し行われるこの動作に対して、疑問に思う人など、まずいないでしょう。この本を読んでいる人も、きっと同様のはずです。

しかし、私にとって、「ペットボトルでいつでも買った飲み物が飲めること」は、決して当たり前ではありません。むしろ、日々、小さな驚きとともにペットボトルの蓋をひねっています。

考えてみてください。ペットボトルは、ネジで飲み口を締めているのです。もしも噛み合わせに不具合があれば、そこから中身は容易に漏れてしまうのです。

でも、生活をしていて、そんなことを経験した人は、きっとほとんどいないはずです。いたとしても、人生に1度か多くて2度、というくらいではないでしょうか。蓋の閉め方が緩かったのなら話は別ですが、「蓋をしっかり締めたのに、中身が漏れてきた」ということは、市販のペットボトルでは、まずあり得ない出来事なのです。

一説によれば、日本国内では1年間に約230億本もの清涼飲料水用のペットボトルが出荷されているといいます。単純計算をすれば、1年間に一人あたり約180本ものペットボトルを利用していることになりますが、多くの人は、蓋を閉めたあとの中身漏れなど心配しないでしょう。

つまり、「漏れないこと」が当然なのです。飲み物の味は気にしても、ペットボトル自体の品質を気にする人など、消費者にはいないのです。

ペットボトルは、蓋と本体という二つの部品に分かれます。それらはしっかり噛み合うことで中身が漏れることを防いでいるのですが、230億本ものペットボトルで、どうしてそんなことが可能なのでしょう。

それは、現代社会には、同じような高い品質の製品を無数に作り続ける技術があるからです。

つまり、大量生産の技術です。

今の私たちが享受する物質的な豊かさは、大量生産に支えられています。ペットボトル以外にも、挙げたらキリがありません。無数の製造物を誰もが当たり前のように買い、基本、「壊れないもの」であることを前提に使っている。まずは皆さんに、このような大量生産品が私たちの暮らしの豊かさには不可欠であることを理解してほしいと思います。

すべての製品が手作りだったなら……

もしも、身の回りのもの一つひとつが手作りだったとしたら、いったい世の中はどうなってしまうでしょうか。もちろん、限られた製品でそのようなものはあります。例えば、カバンや靴など。

ただ、そんなふうに職人の手作りを売りにしたブランド品は、何万円、何十万円もするのが当たり前です。すべてがそんな調子だったら、今の暮らしは成り立ちません。100円で容器に入った飲み物が買えるのは、大量生産によって「薄利多売」が可能になるからです。

薄利多売とは、商品の価格を下げて利益を少なくし、その分たくさん売ってトータルの利益を伸ばそう、という商売の考え方です。

商品の価格は、基本的に「生産にかかった費用（原価）＋儲け」で構成されます。

例えば、1日に1個しか作れない製品を売って会社を経営しようと思ったら、その製品には、費用に加えて、それなりの利益を上乗せしなければなりません。

しかし、100個、200個、あるいは1000個と作って売ることができれば、商品一つあたりの利益は少なくてもよいことになります。一つ売れたときに得られる利益は少なくても、同じ製品をたくさん売ることで、最終的に得られる利益は大きくなるからです。

つまり、「利益を薄くして、たくさん売る」ことで、結果的に利益の合計を増やすことができるわけです。

このような薄利多売を可能にするのが、大量生産の技術です。オートメーション化された工場によって、一日に何千、何万と同じ製品を作ることができれば、その分、1個あたりの利益を抑えても、商売は成り立ちます。

大量生産によって生活を便利にするさまざまな製品が安く買えることで、私たちは今のような暮らしを送ることが可能になっています。「同じものを無数に作り続ける技術」を幅広く多数有していることこそが先進国の証である、といっても過言ではありません。

大量生産を可能にする「金型」の存在

周りを見れば、自分が大量生産品に囲まれていることは、改めて実感できるはずです。「手作りの一点もの」でないならば、それは基本的には大量生産品ですから。

携帯電話、ゲーム機、自動車、家電といった機械的なもののほか、生活用品や文房具、医薬品、衣料品。本や食品、家具など、すべて工場で繰り返し作られているものばかりのはずです。

では、このような大量生産を可能にしているものとは、いったい、なんでしょうか。大きな要素としてあるのが、本書のテーマでもある「金型（かながた）」です。

金型とは、金属でできた「型」のことです。

「型」とは、簡単にいうと、決まった形の枠のことです。この枠（型）を使って素材を加工することで、いくつもの同じ製品を作ることが可能となるのです。

「型」を利用した身近なものには、例えば判子（印鑑）があります。判子という一つの型を持っていることで、同じ形の文字を何枚もの紙に写し出すことが可能です。

あるいは、目玉焼きを作ったり、クッキーを焼くなど料理のときに使う星型などの型枠をイメージしてもよいでしょう。こういう道具を利用することで、同じ形の目玉焼きやクッキーをたくさん作ることができます。「はじめに」で触れた鯛焼きもまた、身近にある型で同じ形のものを生み出す典型的な方法の一つです。

型の特徴の一つとしていえるのは、こうした型は多くの場合、「製品の形状を反転した形をしている」ということ。判子を想像すれば分かると思います。皆さんの名前を判子にしようと思ったら、そのまま判子の素材に名前を彫るわけにはいきません。

私の苗字「堀」ならば、これを反転させた「堀」という模様を判子の素材に浮彫にする必要があります。このときのポイントは、文字を反転、つまり〝めくった〟状態をデザインすること。そして、浮き立たせたい部分以外を彫る、ということです。

例えば、ペンで文字を書くときは、文字にしたい線の部分にペンを走らせます。しかし、型を使って同じ文字を表したいときは、考え方が逆です。いわば「書きたくない場所」を加工するのです。

つまり、型を作るときは、オンとオフの発想が、通常の「作る」イメージとは逆になっているわけです。

「型」を使えば立体のコピーを作れる

型を使うことで、立体物のコピーを作ることが可能になります。

例えば、コピーを取りたい物があったら、それを紙粘土に押しつけて離し、しばらく待つと紙粘土が固まります。そこに普通の粘土を押しつければ、元の物体が持っていた凸凹を再現することが可能です。

もちろん、実際の工業製品はもっと複雑な工程で精密に作られますが、このような発想によって、一つのオリジナル品から、同じ形を持つたくさんの製品を生み出すことができるのです。

型という発想によって、プラスチックやガラス、ゴム、そして金属も柔軟に整形することが可能となりました。堅い金属を叩いたり伸ばしたりすることで複雑な形を作り、表面に複雑な凹凸の模様を施すことは、かなり大変ですが、溶かした金属を型に流し込むだけならば、作業的には相当単純で、楽なものとなります。

型がなければ、優れた形を一つひとつ生み出すことができる職人が常にかかりきりになる必要がありますが、型さえあれば、それを使って〝コピー品〟を生み出す作業自体には、それほど高度な技術は必要としなくて済むのです。

奈良や鎌倉の大仏が型を利用して作られたことは、皆さんもどこかで聞いたことがあると思います。内側と外側に下から何段も型を積み重ね、そのすき間に溶かした金属を流し込むことで、あの大きな大仏は誕生しました。型を使えば、そんな大きな物体も製造が可能なのです。

機会があれば、近づいて見てみてください。大仏の数カ所にきれいな横線が入っているのが分かると思います。これは型の継ぎ目です。大仏はおそらく、はじめはミニチュアサイズで造形の構想が練られたことでしょう。それを何倍にも拡大して形にすることも、型を利用すれば不可能ではないのです。

「型」があれば、優れたアイデアを共有できる

型という発想のすばらしいところは、クリエイターや設計者のアイデアを私たち一般人も、比較的簡単に享受できることにあります。

例えば、百貨店などのインテリアコーナーや家具、雑貨フロアをぶらつくと、とてもオシャレな形の製品と出会うことがあります。近寄って説明を見ると、それは世界で活躍している実力派デザイナーの製品だったりする。世界トップクラスのクリエイターが、最先端のセンスと経験を活かして、「こんなものがあったら面白い」と構想したアイテムを、私たちは気軽に手にすることができるのです。

それは、型があるからです。プロダクト・デザイナーは、自分のイメージを形にした試

作品を作りますが、もしそれだけで終わってしまったら、同じ形の物はこの世に二つと存在しないままです。

しかし、型があれば、私たちは、そのデザイナーが生み出したものを購入し、所有することができます。

もし型がなかったら、すぐれた才能によって生み出されたすばらしいアイテムは、ごく限られたお金持ちの間で独占されてしまっていたことでしょう。例えば、絵画や彫刻などの芸術品がそれです。型があるから、私たちは一流のデザイナーのアイデアを社会で共有することができるのです。

もちろん、そのためには、同じ型で何度も繰り返し製品を〝コピー〟する作業が必要です。そこで、型は少なくとも製品の素材よりも堅い材料で作られている必要があります。そのため、工業製品を大量生産するための型は、金属でできている「金型」なのです。

ちなみに、木で型を作れば木型、砂や粘土で作れば砂型となります。昔の銅鐸《どうたく》のような青銅の製品は砂型で作られていました。大仏も砂型で作られています。そして、実は車のエンジンも砂型（と金型）の合わせ技で作られています。

例えば、製品の素材よりも堅い金型に、素材となる金属の板を強く押しつけると、型の形に素材が変形し、製品が作られます。ここでいう製品とは、完成品（最終生産物）のことではなく、一つひとつの部品です。ネジなどの小さな部品から、車のボディ（の一部）といった大きな部品まで、金型を利用することで、大量生産が可能になるのです。

金型用の材料となるのは、炭素鋼などの鋼材です。金型を作るためには扱いやすい一方、その金型で何度も部品を製造しても精度が変わらないことが求められるため、だいたい、次のような性質が要求されます。

——加工がしやすい、摩耗しにくい、腐食しにくい、衝撃で変形しにくい、強度が高い、均質性が高い、熱処理がしやすい、熱伝導性が高い、価格が安い、入手しやすい。

目的に応じ、さまざまな処理が施された鋼材が用いられます。鋼材で作られた金型によってさまざまな部品が作られ、その部品が組み合わさって、一つの工業製品（最終生産物）となります。

ペットボトルはたった二つの部品でできていますが、それすら部品同士がぴったり組み合わなければ、完成品としては成り立ちません。金型は、非常に高い精度で同じ部品を何万、何十万、何百万個と作るために使えなければ、意味がないのです。

金型にはミクロン単位の精度が求められる

例えば、ガソリン自動車は約3万点の部品からなるといわれていますが、それらの部品はすべて、それぞれの金型から作られています。すべての部品の寸法が正しくなければならないのですから、金型自体も当然、高精度である必要があります。ただ、金型を使って作られる部品は大量なため、不良品の発生は避けられません。その確率を下げるためには、金型の精度を上げるしかありません。

具体的にいうと、国産の自動車では、部品の公差は数ミクロンまで、というのが基本の基準です。公差とは、許容し得る最大寸法と最小寸法の差。つまり、金型で作られる部品は、数ミクロンまでのサイズ違いであれば許され、それ以上の誤差がある場合はNGということです。

1ミクロンは、1000分の1ミリ。仮に5ミクロンの公差が許容範囲だとしましょう。日本人女性の髪の毛の太さがだいたい0・08ミリ（100分の8ミリ）といわれていますから、「髪の毛1本の誤差も許さない」では、基準として実に甘過ぎるということになります。

公差数ミクロンが、どれだけ厳しい基準であるのかは、マジックペンが1本あれば、体感することができます。プラスチックや金属の板、表面がツルツルした紙（コート紙）を用意してください。そこにマジックペンで1本、線を引いてみましょう。乾いたあとでそこを指でなでてみると、インクで塗装された分だけ、かすかに盛り上がっているのが分かるでしょう。これがだいたい3ミクロンの厚さです。同じ場所にもう一度、線を引いてください。乾いたら、その上をなぞってみましょう。盛り上がりがわずかに高くなっていいます。これで3ミクロンの塗装を2回行いましたから、その厚さは6ミクロンです。

ということは、もし「公差5ミクロン」が基準として求められた場合、金型で作った部品のなかに、これと同じ誤差で大きかったり小さかったりするものがあったら、それは不良品として弾かれてしまう、ということなのです。

ここまで厳しく部品の品質を見るからこそ、日本の自動車産業は世界でトップクラスにまで上り詰めることができたわけですが、その部品のクオリティを支えているのは、金型のクオリティであるわけです。最終製品の品質が高いのは、部品の品質が高いから。部品の品質が高いのは、金型の品質が高いから、なのです。

いくらプロダクト・デザイナーが、最先端の技術や科学知識を取り入れたデザインや機能を設計し、それを試作品に変えたとしても、型を作ることができなければ、新商品として世の中に流通することはありません。その試作品を何度でも再現することができる型がなければ、デザイナーのアイデアは、絵に描いた餅で終わってしまいます。

デザイナーとは発想が豊かで、その分、欲張りですから、新しくて難しい形を好むこともあります。難しい形とは、単に複雑であることもあれば、非常に滑らかな曲線であるような場合もあります。

それを元に正確な金型を作ることができるかどうか。

これが、ものづくりの技術の真髄の一つなのです。

「型にするのは難しいので」と、ある部分を省略したり単純化したりすれば、試作品からの再現度が下がり、デザイナーのイメージした品質からは、その分、後退したことになってしまいます。逆に、まったく等しい形を再現できる金型があれば、デザイナーのアイデアがフルに活かされたものが世に広がっていく可能性が生まれるわけです。

「新商品が登場した」とは「新しい金型ができた」ということ

ここまでの説明で、大量生産が支えるこの社会は、金型によって支えられているということは、理解してもらえたことと思います。

「新しい商品が世の中に誕生した」とはつまり、「新しい金型ができた」ということです。従来の製品の品質が改善されたとは、その製品の部品を作るための金型が改善された、ということなのです。

現代社会において、およそ「商品」と呼ばれるもので、型なくして存在しているものなど、一つとしてない、といってもよいでしょう。

「形ある物、必ず型がある」のです。

自動車や携帯電話、テレビや家電、タイヤといった金属やプラスチック、あるいはゴム製品はもちろん、錠剤やコンタクトレンズ、繊維や不織布なども型を利用して作られています。

例えば、肉や野菜などは、それ自体を作るのに型は用いられていなくても、生産工程では、必ず型から生まれた機械や道具が用いられています。つまり、型が〝噛んで〟いる。ケースに入れられ、流通網に乗って店頭に並ぶまでにも、さまざまな型が生み出した物がかかわっているのです。

商品のことは気になっても、その商品に形を与えた型を気にしたことがある人は、ほとんどいないはずです。しかし、型がなければ、私たちが今のような暮らしを送ることは、一日だってできないのです。

こうなると、「新製品を世に送り出しているのは誰なのか」という話にもなってこないでしょうか。

例えば、日本発で世界的に大ヒットした携帯ゲーム機を思い出してください。市場をリサーチし、企画し構想を練り、「こんなものができたら、ヒットするんじゃないだろうか?」と考え、設計したのは、もちろんゲーム機メーカーの人たちです。ですが、その構想を量産可能にしたのは、いったい、誰なのでしょう。

分解してみると分かるのですが、プラスチックの筐体《きょうたい》の内側は、電子部品やコントローラーの部品を正確に配置しておくため、非常に複雑に仕切られた形状をしています。ただし、筐体《きょうたい》としての部品の数は、通常、表側と裏側の二つだけ。仕切り構造が必要だからといって、その数だけ部品を作ることにしてしまうと、組み立てが大変になるうえ、ズレが生じやすくなり、故障の原因にもなってしまうからです（興味がある方は、ネットで携帯ゲーム機の名称と「分解」のようなキーワードで画像検索をしてみてください）。

プラスチックの筐体を成形するのにも、もちろん金型が必要です。そして、この複雑な形状を可能にする金型を作ることができなければ、どんな携帯ゲーム機も世に生まれ得なかったといえるでしょう。

少しおおげさに聞こえるかもしれませんが、大手メーカーの夢を叶えたのは誰か、という問いへの答えは、「街の金型屋さん」でもあるのです。

金型を専門に作る金型メーカー

数々の製品の量産を可能にする金型を作っているのは、金型屋——正確にいえば、金型メーカーです。多くは中小企業であり、金型メーカーは、大手メーカーからのリクエストに応じて、金型を製作することで、売上を立てています。つまり、彼らにとっては、金型こそが商品である、というわけです。

もちろん、大手メーカーにも金型部門はありますし、部品加工業者なども金型製作を行う部門を持っていることがありますが、彼らにとっての商品は、最終生産物あるいは部品です。「納品」といったら、それらを納めることを指します。金型自体が商品というわけではないので、金型作りは手段であって、過程です。

この点、金型メーカーは、金型の出来自体が顧客にとって評価の対象です。金型作りが事業の目的です。そこで当然ながら、金型に関して最も技術が磨かれ、蓄積されているのは、金型メーカーである、ということになります。

金型メーカーはほとんどが中小企業だといいましたが、そう聞くと、どこか古臭いアナログな印象を持つ人もいるかもしれません。しかし、それは大きな誤解です。

商品が世に売り出されるには、必ず金型が必要です。そして、難しい金型製作を担当しているのは、街の金型メーカーです。ということは、街の金型メーカーは、たいていいつも最新の商品発売のための金型製作に携わっているということになるのです。

当然、金型メーカーは、まだ世に出ていない製品の情報をいろいろと持っています。守秘義務契約があるため、外部に漏れることはありませんが、新しい注文が来るたびに「お、今度はこんな商品が売り出されるのか」と、時に楽しく作業に勤《いそ》しんでいるはずなのです。

ヒット商品が誕生すると、多くの人はメディアとともに、そのメーカーや仕掛け人となった企画者、開発者、あるいはプロジェクトチームなどに注目しがちです。その際、裏側に必ず金型メーカーがいること、時に顧客の難しいオーダーに対し、知恵を絞り、悪戦苦闘して応えてみせたことなど、まったく取り上げられることがありません。

あとで詳しく紹介するように、試作品やその設計図から金型を作る過程には、三次元で判子を作るような「完成品から型の形を想像する」能力や、複数の部品からなる金型を組み上げたり、その金型によって成形された部品同士が組み立てられる際、接触がスムーズになるようわずかに寸法を変えて作る知恵、ミクロン単位のズレを指先で感じて修正する感覚など、それこそ常人では考えられない現場の職人だけが持つ至高のワザがたっぷり詰まっています。でも、そこがクローズアップされることは、残念ながら、まずありません。

しかし、見方によっては、金型メーカーは消費社会の最上流にいるともいえるのではないでしょうか。

量産化のための試作品は「金型にする」ことを前提に作られるのであり、量産化を考えるなら、金型を避けては通れないのですから。

そして、金型から部品が作られるということは、金型が最も精度が高いのであり、そこから生まれた部品は常に金型よりは精度において劣るということになります。メーカーの技術力が研究や開発の力だとするなら、金型メーカーの技術力とは、試作品を金型に変換する力、そして高い精度といえるでしょう。

世界よりも優れた日本の技術力を一言で表すなら、「良品を大量に世の中に送り出せること」ともいえるでしょう。それはまさしく金型のおかげ。日本のものづくりがすごいのは、金型が、そして、それを作る金型メーカーがすごいから、なのです。

金型メーカーの職人ほど、最新の技術や工作機械を駆使しながら、感性を頼りに仕事をしている人は、そうはいないと思います。デジタルな理性とアナログな感性を同居させ、職人として大手メーカーの期待に応える仕事をする。

この面白さやありがたさに匹敵する仕事は、ほかではまず見当たらないように思います。

主な金型の種類

金型が大量生産を基本とする現代社会に欠かせないものであることを分かっていただいたところで、金型にはどのような種類があるのか、ここで簡単に紹介しておきます。

代表的な金型には次の8種類があります。

・プラスチック用金型
・プレス用金型
・鋳造《ちゅうぞう》用金型
・ダイカスト用金型
・鍛造《たんぞう》用金型
・粉末冶金《やきん》用金型
・ゴム用金型
・ガラス用金型

プラスチック用金型とは、身の回りにあるさまざまなプラスチック製品を作るための金型です。

プラスチック製品の金型は、凸形のコア面（通常可動側）と凹形のキャビ面（キャビティ、通常固定側）という2つの別々の金型をサンドイッチのように合わせると、中に空洞ができ、この空洞が製品の形になっています。金型の1カ所に穴が空いており、そこから熱で溶かした樹脂を注射するように流し込む。樹脂が冷えて固まったあとで、型を開きます。すると、製品の形をしたプラスチックが取り出せる、という仕組みです。これを射出成形といいます。金型を用いた射出成形では、比較的複雑な形状も容易にたくさん作ることが可能です。

射出成形で作った製品には、型に樹脂を注入したとき、型の間に樹脂がはみ出ることがあります。これをバリといいます。後述するゴム用金型、ガラス用金型などを用いた製品にもバリは出ますが、これをいかに小さく、目立たないようにするかは、金型の精度にかかっており、金型メーカーとしては腕の見せどころといえるでしょう。金型メーカーの職人であれば、そのバリの出具合から「これは外国製」「これはたぶん、日本製」と、分か

［図表 1-1］射出成形

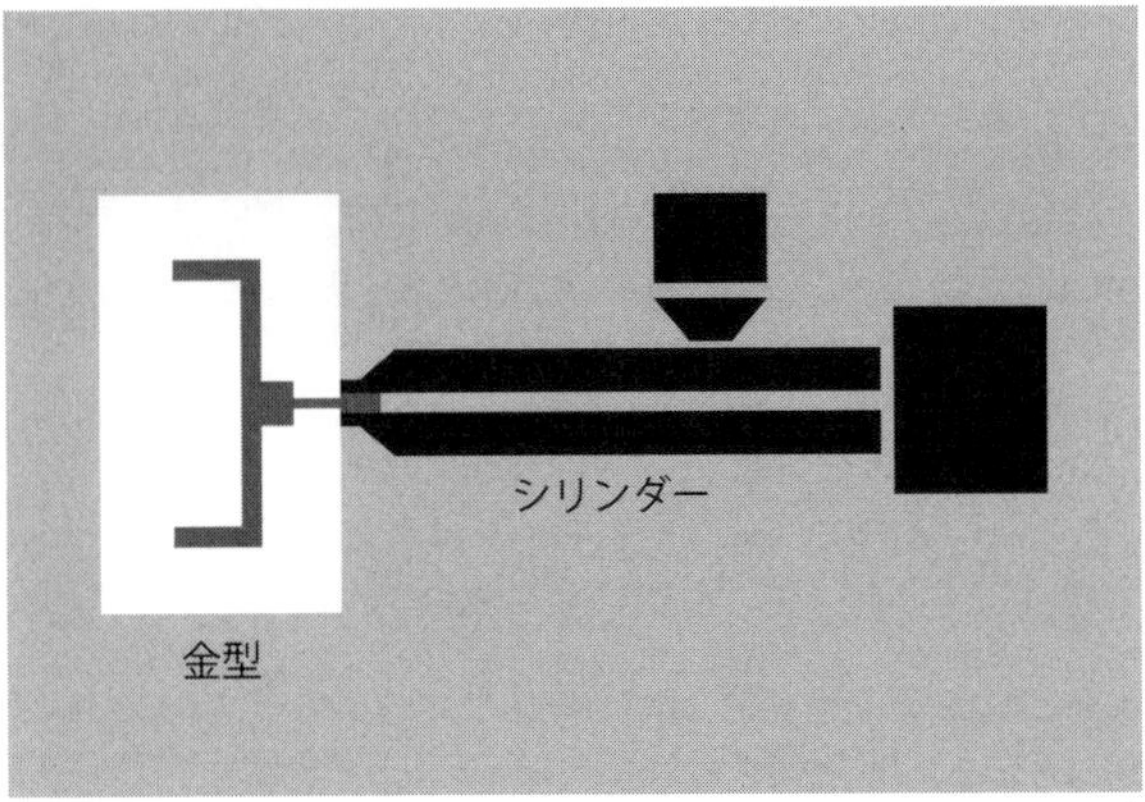

一般社団法人日本金型工業会資料をもとに作成

るくらいです。

プレス用金型とは、金属をプレス成形する際に用いられる金型です。プレス成形とは、薄い金属の板に上下から金型を押しつけて金属を成形する方法です。車のボディなどは、このような加圧成形によって作られています。

鋳造とは、溶けた金属を型に流し込んで金属を成形する方法です。このとき用いられるのが鋳造用金型です。射出成形やプレスで用いられる金型は、製品部分が「ない」、あるいは凹んだ形をしていましたが、鋳造用金型は、出来上がりの製品と同じ形をしています。これを砂に押しつけて、砂

［図表 1-2］プレス

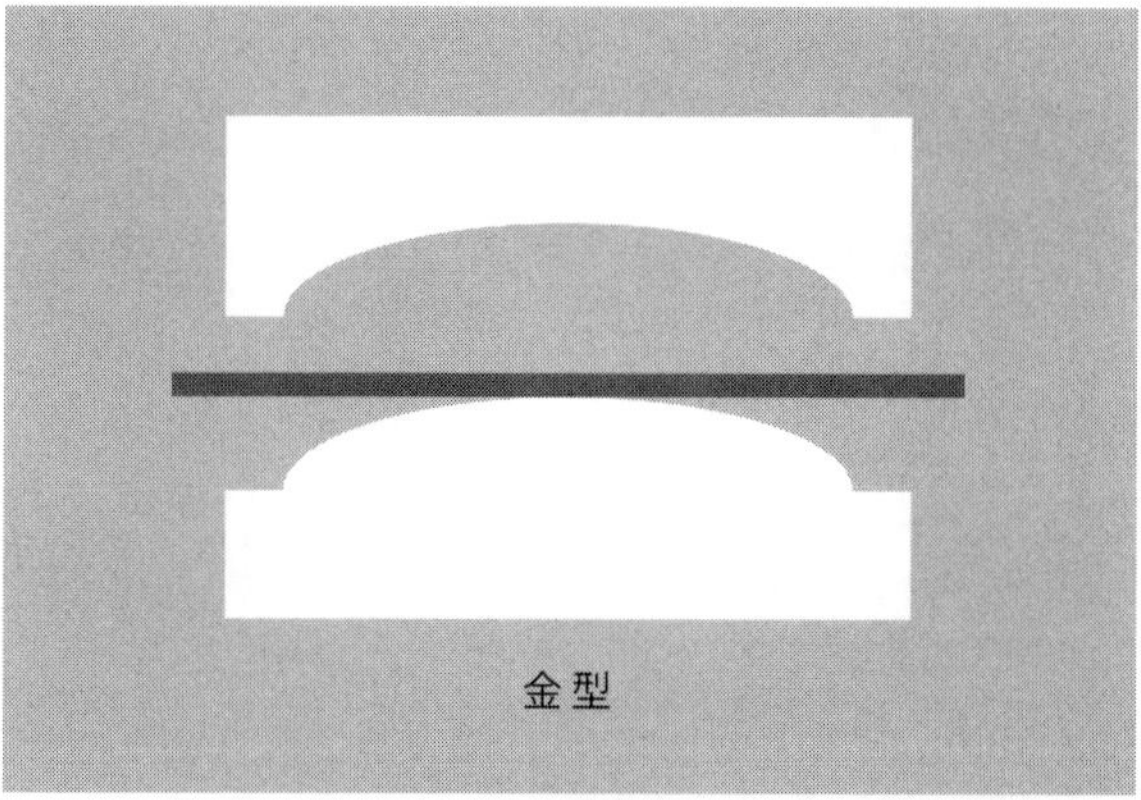

一般社団法人日本金型工業会資料をもとに作成

に上半分と下半分の型を取ります。つまり、金型を利用して砂型を作るわけです。

そして、金型を取り出し、砂型を重ね合わせます。すると、製品の形の空洞が砂型の中にできます。砂に型を取る際にあらかじめ作っておいた注ぎ口から溶かした金属を流し込み、冷えて固まったところで砂型を壊すと、製品の形に固まった金属が取り出せる、という具合です。自動車のエンジンなどは、この方法で作られています。

ダイカストも鋳造の一種です。これはプラスチックの射出成形に方法が似ていて、まず、サンドイッチ状に合わせた金型の空洞部に通じる射出部に、溶けたアルミなど

[図表 1-3] 鋳造

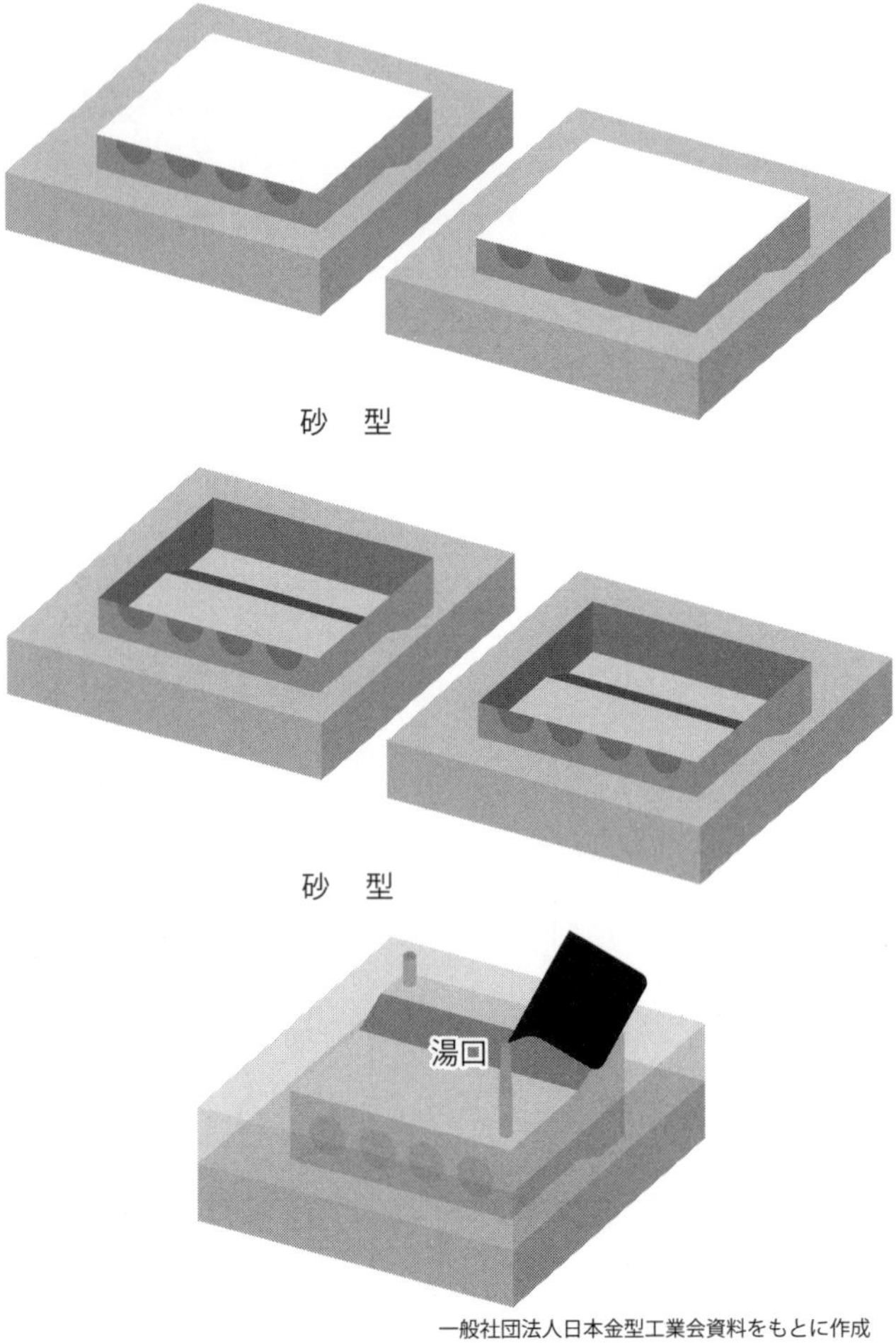

一般社団法人日本金型工業会資料をもとに作成

の金属を流し込みます。この液状の金属をピストンで注射器のように金型に注入、冷えて固まるのを待ちます。その後、金型を開くと、製品の形が取り出せる、というわけです。

ダイカスト用金型を用いる場合、成形物には余分な出っ張りが残るため、ここを型抜きして、製品の形状にする必要があります。あるいは、一つの金型で一度に複数の同じ製品を作るような場合も、固まった金属は、射出部からフォークのように分かれ、その先に製品の形状がくっついた状態で仕上がるため、型抜きによって余分なところを切り落とす必要があります。

鋳造用金型（と砂型）を用いた場合、一つ製品を作るたびに、砂型を作っては壊すのですが、ダイカストではその必要がありません。ダイカスト用金型は、より大量生産に適した鋳造を叶える方法といえます。

金型を用いた金属の加工には、鍛造という方法もあります。鍛造とは、金属を叩いて鍛えて形を作っていく方法です。サンドイッチ状に分かれた金型の下側に材料の金属を置き、上側の金型で挟み込み、何度も上げ下げして圧迫する形で、製品の形を作っていきます。考え方としては、鍛冶屋さんが熱した金属を叩いて刀や包丁を作ったのと同じです。

[図表 1-4] ダイカスト

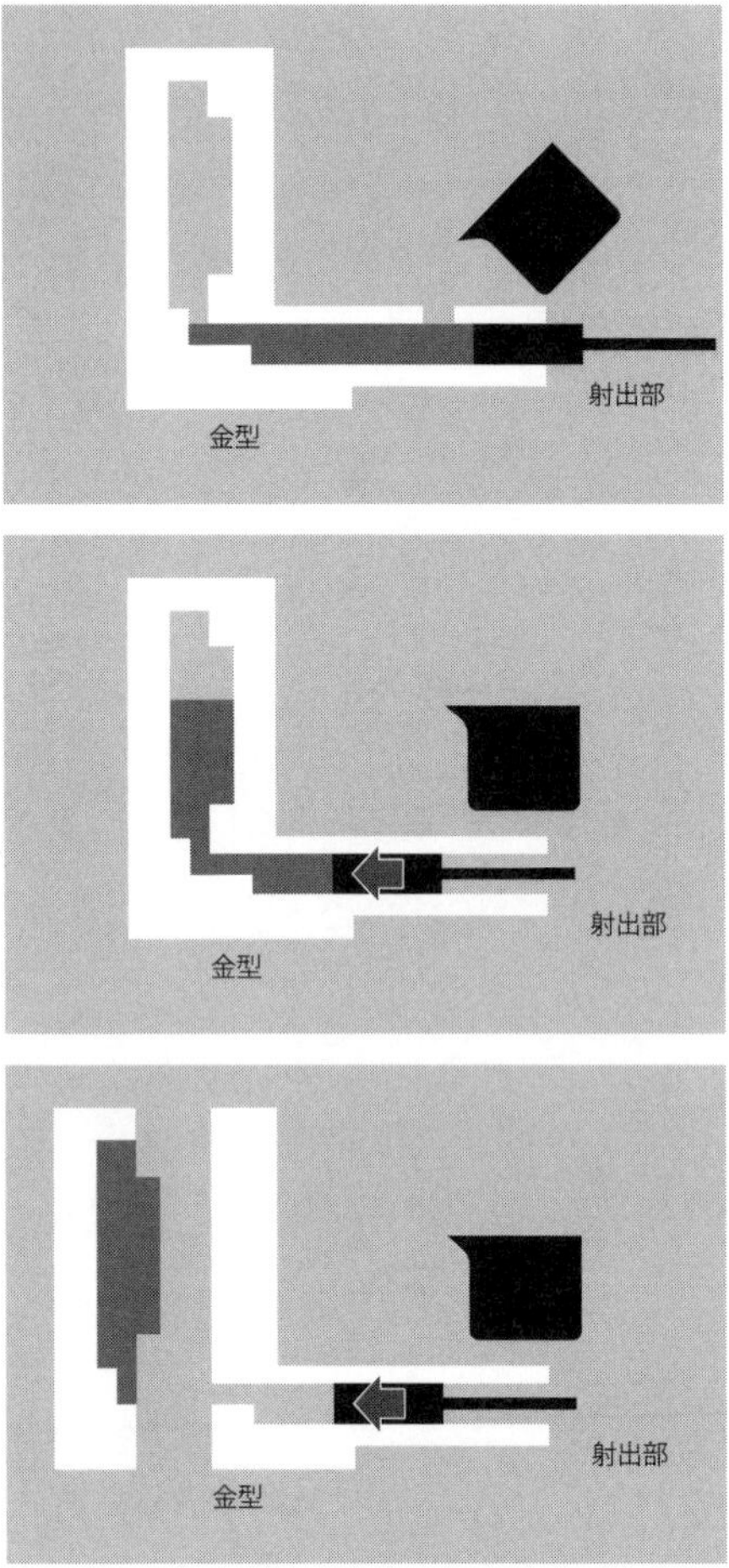

一般社団法人日本金型工業会資料をもとに作成

[図表1-5] 鍛造

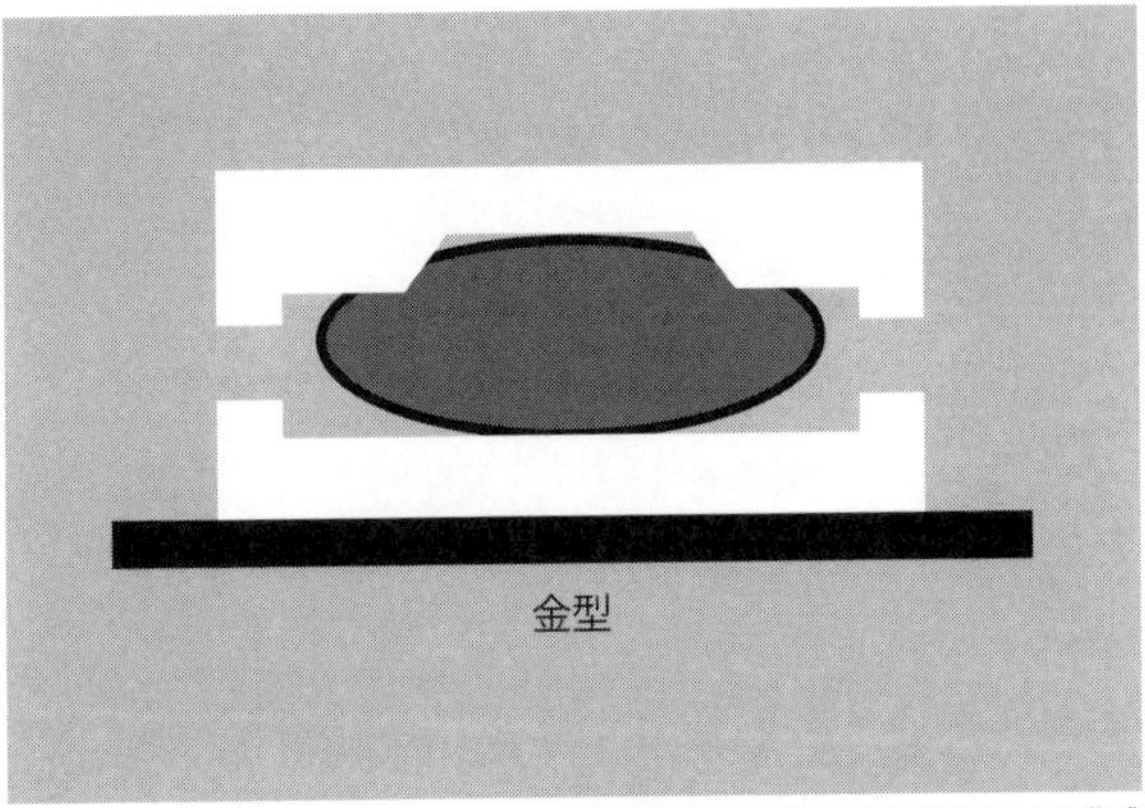

一般社団法人日本金型工業会資料をもとに作成

このとき用いられるのが鍛造用金型です。鍛造用金型を使って金属を成形すると、金属内部の組織配列がきれいにそろうため、ダイカストなどでは生じうる素材内部の気泡がなくなり、強度の高い製品を作ることが可能となります。

粉末冶金とは、金属の粉末から製品を作る方法です。粉末冶金用金型もまた、サンドイッチのように一対になっています。材料となる粉末を下側の金型に適量置き、上側をそこへ押しつけ、熱して冷やします。こうして金属の粉末を型どおりに固めるわけです。粉末を固めたものなので、取り出した金属には無数のすき間が残りますが、ここに油を染み込ませることができるため、潤滑油が必要ない軸受け（含油軸受）などを作る際は適した製法です。

ゴム製品のための金型（ゴム用金型）は、鍛造のように、材料となるゴムを上下から挟み込むような形で用いられます。原料となるゴムにどのような成分を配合するかで、熱に強い、薬品で溶けにくい、絶縁性が高いといった特徴を持たせることが可能です。

ボトルのようなガラス製品も、金型（ガラス用金型）で成形されています。左右に分かれる金型を合わせ、中の空洞の入口に溶けたガラスの固まりを合わせます。そこへ空気を吹き込むと、ガラスは風船のように膨らみ、型に貼り付き冷えます。その後、型を開けば、望みどおりの形になったガラスが取り出せるという具合です。この方法は「ブロー成形」といい、ペットボトルのように樹脂を用いた製品でも利用されています。

このように、「金型で製品を作る」といっても、目的によって金型も製品の作り方も、当然、設備もまるで異なるため、それぞれに非常に高い専門性が求められます。従って、金型メーカーにも得意分野があります。先ほど触れた携帯ゲーム機の筐体《きょうたい》を作った金型メーカーは、私もよく知る会社ですが、ここはプラスチック成形で非常に高い技術を誇る

[図表 1-6] 粉末冶金

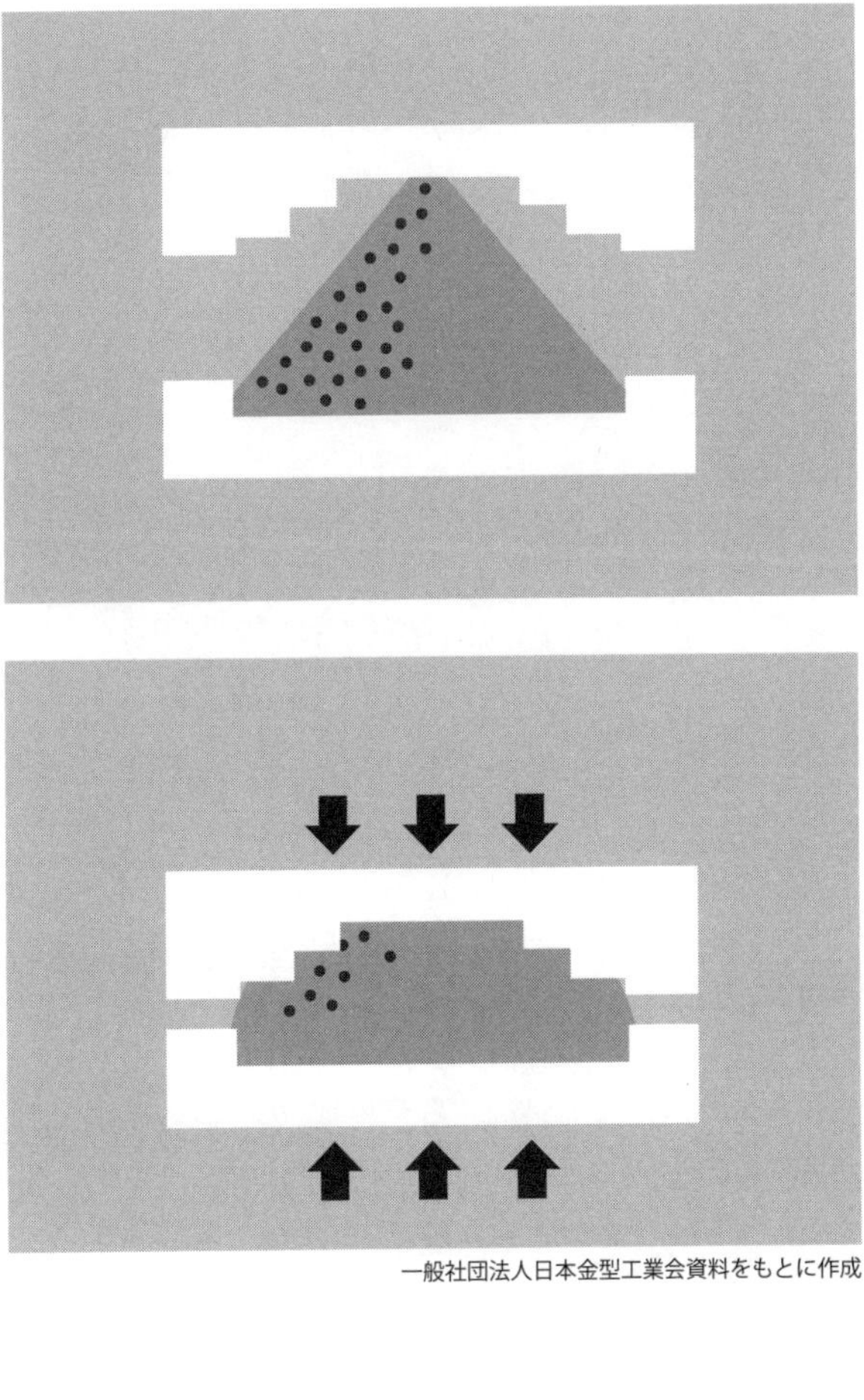

一般社団法人日本金型工業会資料をもとに作成

[図表 1-7] ゴム成形

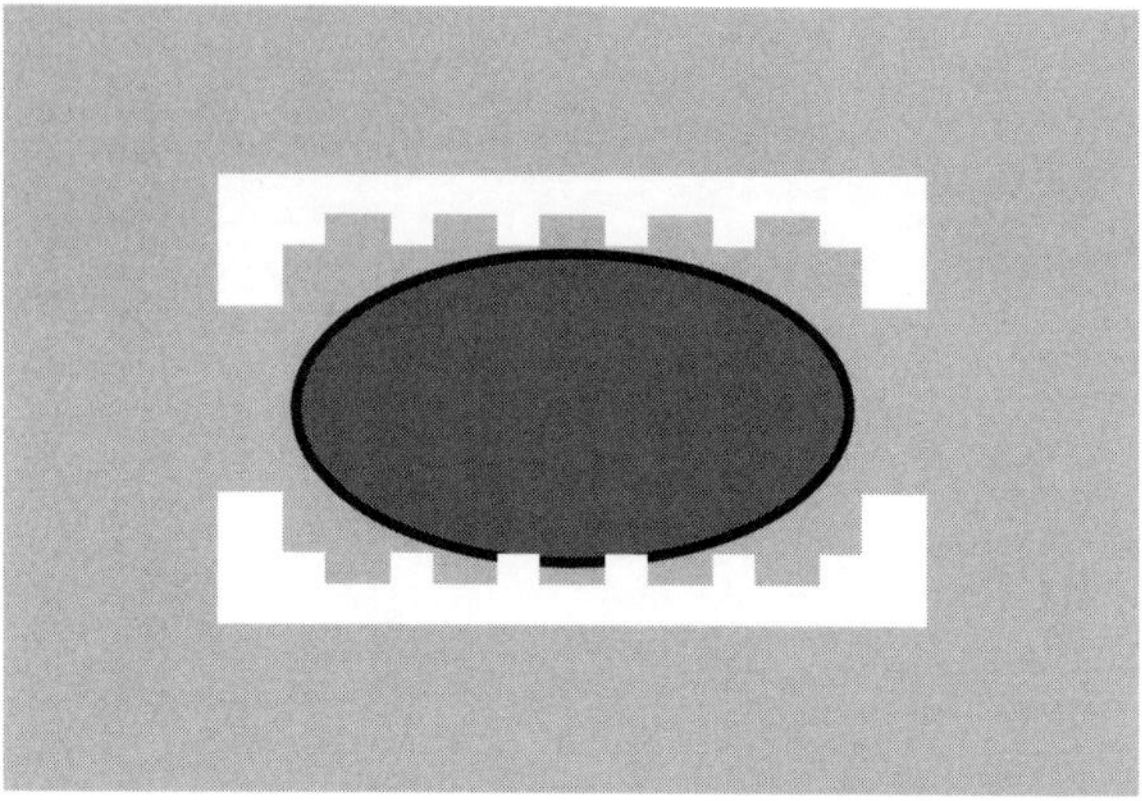

一般社団法人日本金型工業会資料をもとに作成

ため、重要な部品を作る際に大手メーカーから声がかかる、というわけです。

身の回りの製品がどのような金型で作られているのか考えてみると、また違った新鮮味を感じてもらえるのではないかと思います。

型を一つ作るにはいくらかかる?

金型にはさまざまな技術があり、それらに精通した金型メーカーが、製品メーカーの注文を受けて、金型を作ることを説明しました。では、いったい、金型とはいくらくらいでできるものなのでしょうか。

これは文字どおり、ピンからキリまでと

[図表1-8] ガラス成形

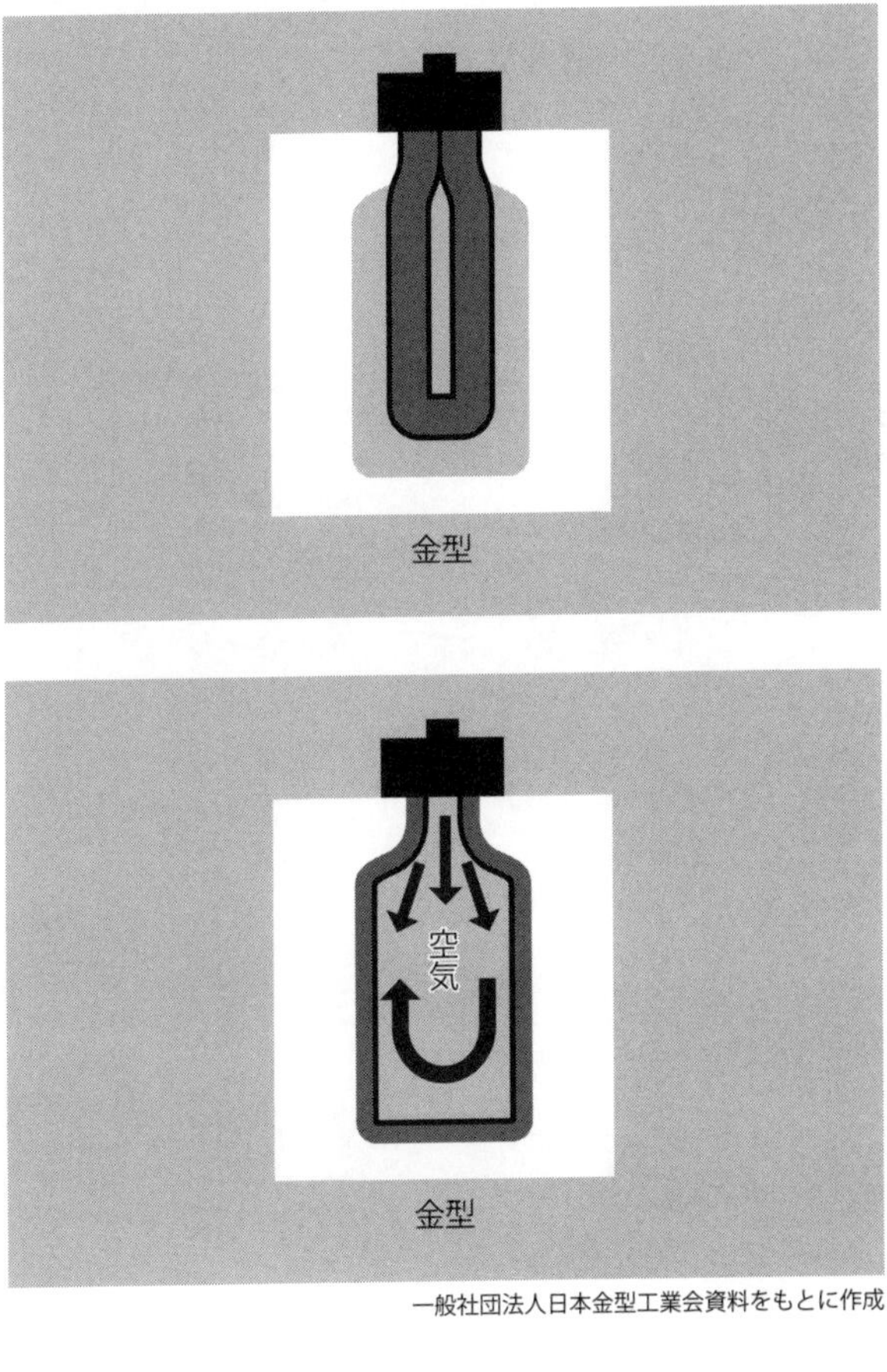

一般社団法人日本金型工業会資料をもとに作成

いえますが、金型によって作られ、市場で販売される製品に比べれば、遥かに高いということだけは確かです。

例えば、100円ショップには、さまざまな製品が100円で売られていますが、その金型を作るのには、一つの部品の金型に対し、安くても数十万円、高ければ数百万円の料金が金型メーカーに支払われているはずです。料金の内訳は、ざっくりいえば材料費＋技術料となりますが、金型用の金属は条件が厳しいので、できるだけ安くといっても、そう簡単にはいきません。

従って、発注側のメーカーは、基本的に「金型は高い」と思っています。そこで、一度金型を買ったら、できるだけたくさんの製品を同じ金型で生産、販売することで、元を取り、儲けを出したいと考えています。当然、金型には耐久性が求められますが、同時に金型メーカーには、発注側メーカーからの「安く買いたい」というプレッシャーが常にかかっているわけです。

そういうわけで、商品としては真新しくファッショナブルに見えて、実は30年前の金型でいまだに作り続けられているというものも珍しくありません。正確には、製品の一部、といったほうがよいかもしれませんが。

それは百貨店などに行くとたくさん並んでいるのですが、なんだか想像がつきますか？

答えは、香水など化粧品のボトルです。ボトルの形状は新商品になれば変わることもありますから、これは新しい金型です。しかし、香水を噴霧するスプレー部分の機構は、昔から変わるものではありません。

ならば、同じ金型でもいいだろうということで、この部分には昔の金型が延々と使い続けられていることがよくあります。もちろん、さすがに金型が摩耗したり変形したりするのですが、そこはメンテナンスで切り抜けます。変形した部分に、はんだ付けのような要領で金属を盛って形を整えるなどして、また同じ金型を使い続けるのです。

最先端のファッション用品に数十年前の金型が用いられているという事実には、違和感を禁じ得ない人もいるかもしれません。しかし、一円でもコストを抑えたいというメーカーの心理を考えれば、理解できないことでもないでしょう。

例えば、自動車メーカー業界でも、新製品を出すたびにすべての部品を新しい金型で作り直しているといったことは、もはやありません。従来の車種の部品を流用できれば、それは、同じ金型を使い続けられることを意味し、ひいては「高い金型を買い足さずに済む」ということになるからです。ユーザーから見えない部分については、車種をまたいで部品が標準化されており、そうすることで自動車メーカーは、金型の数を減らしている。少しでも製造コストを抑えようとして努力しているのです。

これは自動車に限った話ではありませんが、時に「モデルチェンジ」のようなうたい文句で、従来製品をグレードアップした新製品が売り出されることがあると思います。それは、いかにも最新のもののように見えますが、一方で「売上のテコ入れをしたい。しかし、新しい金型を作るお金は節約したい」というメーカー側の思惑もあります。これもまた、製品メーカーからすれば、「コストを抑え、売上を伸ばす」という商売の基本に忠実な、合理的な選択であるといわざるを得ません。ただ金型メーカーにしてみると、モデルチェンジをすることにより新しい金型の発注が増え、かつ、一型ずつの制作費でしっかり利益をとりたいというのが本音です。

では、そんななか、それでも非常に値が張る金型とは、いったいなんでしょうか。製品メーカーとしてはできるだけコストを抑えたいが、それでも高額になってしまう金型とは？という問題です。

答えは、自動車のグリル一体型のフロントバンパー用の金型です。

グリル一体型のフロントバンパーの金型は、もしかしたら、日本に存在する金型では、最も高いものであるといえるかもしれません。もちろん高級車用、軽自動車用などの種類で価格は変わりますが、国産の最高級ブランド車のグリル一体型のフロントバンパー製造に用いられる金型は、樹脂成形の金型一対で数千万円ほどになるといわれています。

というのも、グリル一体型フロントバンパーはそれ以上分解できない、大きな一つの部品だからです。しかも、自動車の顔であり、メーカーとしても妥協が許されません。デザインと技術の粋が詰まった部分であり、それにふさわしい品質が求められるため、これほど高くなってしまうのです。裏を返せば、自動車のグリル一体型フロントバンパーの金型を手掛けている金型メーカーは、間違いなく日本でもトップクラスの技術を持っているといえます。

［第2章］

日本の金型は世界最高品質！メイド・イン・ジャパンの金型が世界のものづくりを支えている

製品の質が高い=金型の質が高いとはどういうことか

戦後間もないころは、「メイド・イン・ジャパン」といえば、「安かろう悪かろう」の代名詞でした。それが今や高品質を意味する言葉となったのは、戦後復興の最中、世界企業へと成長した国内のさまざまな大手メーカーが、こぞって良いものを作ろうとしのぎを削り、努力を積み重ねてきた成果です。

そして、日本製品の品質が良いとは、日本製の金型の品質が良いことを意味することは、第1章でも触れたとおりです。

では、そんなメイド・イン・ジャパンのクオリティを支える「良い金型」とは、いったいどういうものなのでしょうか。近年、金型の技術は東アジアのみならず、東南アジア各国でも展開されており、タイ、マレーシア、ラオス、カンボジア、そしてインドネシアといった国々で積極的に作られるようになっています。

しかし、一口に金型といっても、やはり日本の金型と海外の金型は品質が異なります。では、その品質の内訳とはなんなのか。そして、良い金型の条件とは?

日本の金型の良さを理解していただくために、まずはそのことについて、考えていこうというわけです。

ここでは4つ、私の考える「良い金型の条件」を挙げてみたいと思います。

①何度繰り返しても同じ状態で成形ができる

型の役割は、文字どおり、判で押したように繰り返し、同じ状態での成形が可能なこと。樹脂を用いた射出成形だろうと、金属が素材に使われる鋳造だろうと、あるいはダイカストだろうとゴムやガラス成形だろうと、変わりありません。

一つの型を用いて、延々と同じ形を生み出し続けることが可能であれば、それは「良い型である」といって、間違いありません。その型を使った1個目の成形と100万個目の成形が、まったく同じで区別がつかないというなら、型としては申し分ない品質であるといえるでしょう。

これが日本以外の型ですと、1万個、2万個といった少ない数で不良品が発生してしまうことが、まだ珍しくありません。型を直している間は、工場のラインは止まってしまいますから、不良品の発生は大きな機会損失を招きます。つまり、型を使って生産し続けていれば、その分、生産した部品なり製品なりを販売できたのに、その機会が失われたという意味で、損失になってしまうのです。

特に鍛造用金型やダイカスト用金型などは、金型にも熱や圧力といった負荷がかかるため、精度が脅かされやすいのですが、これらの分野では日本の金型は、特に優れた品質を誇っています。

②構造がシンプルである

型を使って、材料をある形に成形しようという場合、手掛ける職人が異なれば、当然、その解決方法もまた、随所で異なってきます。特に製品の構造や形状が複雑であればあるほど、金型も複雑になりますが、これをいかにできるだけシンプルな型で済ませているかも、良い金型の条件であるといえます。

そこで差が出る質の違いは、例えるなら、数学のセンスがない人とある人とでは問題の解き方がまるで違う、といった感覚に近いと思います。数学が得意でセンスがある人は、一見難しそうな図形問題でも、補助線を一本引いただけで、簡単に答えを導き出してしまいます。数学が苦手で、とにかく解法を暗記して対応しているような人は、その点、当たって砕けろ方式です。図のなかの角度や長さの分かる部分をすべて書き込んだりして、答えを出そうとします。証明問題でも、数学的センスに長けている人なら、とても短い解答で済ませるところを、苦手な人は、長たらしく遠回りをして解答したりします。

結局、導き出された答えが同じであれば、テストならマルかもしれません。しかし、「どちらが美しい答えか」と聞かれたら、誰でもすぐにその違いは分かるでしょう。

金型製作にも、実はそんな側面がある、というわけです。

金型自体がシンプルだと、型に使用する部品の数を減らしたり、原料の鋼材の量を減らしたり、型を用いて成形作業をする際の工数を減らすことが可能になります。完成品の形状が複雑だからといって、金型も複雑な形に作ってしまうと、圧力や摩擦、高温による負荷に対して、ウィーク・ポイントが劣化し、型が欠けたり変形しやすくなったりしてしまうのです。型で作られた部品の寸法の誤差の許容範囲はミクロン単位ですから、下手に作られた型だとしょっちゅう不良品が出てしまいます。その都度、ラインを止めて金型の調整や修復をするとなると、工場の稼働効率が非常に悪くなることはいうまでもありません。

つまり、求める成形のためにどんな金型を作るのかという〝解〟の出し方は、時間も含めたコストにも大きく影響してくるわけです。シンプルな構造の金型は運用コストを抑えることにも役立ちます。そういう金型は、見た目にも美しく、感覚的に「良いものだ」と分かります。製品の材料と触れ合う面の凹凸は複雑でも、「入り組んでいるな」とは感じさせない。数学のスマートな解法のように、ムダのないことが、印象からも分かるものなのです。

金型を上手に作るには、本人のセンスのみならず、長年の試行錯誤に基づく経験と知恵が欠かせません。海外で金型を手掛ける製造業者が増えつつあるとはいえ、総合力では、なかなか日本に追いつくことが難しいといわれているのには、こうした側面もあるといえるでしょう。

③最終製品が意識されている

金型は、一つひとつの部品ごとに必要となりますから、仮に100個の部品で作られた製品を量産化するなら、100個の金型を用意しなければなりません。といっても、その金型がすべて1社の金型メーカーに発注されるわけではありません。プラスチック部品はプラスチック用金型が得意な金型メーカーに、金属部品を成形するための金型はダイカスト用金型メーカーや鍛造用金型メーカーに、ゴムの部品については、ゴム用金型メーカーに、という具合に、製品メーカーは、金型製作を依頼する先を複数使い分けて、金型をそろえるのです。

従って、仮にプラスチック成形が専門の金型メーカーが、製品メーカーから「この部品を作ってほしい」とオーダーを受けたとしたら、その際、渡されるのは、自社が担当する金型のための情報だけ、ということになります。もちろん、発注時の打ち合わせで、製品全体に関する大まかな情報は教えてもらえますが、隣り合う部品がどんな材質でどんな形状なのか、といったことについて余すところなく教えてもらえるということは、あまり期待できません。

特に新製品の場合、各金型メーカーに依頼内容とその周辺的な情報しか渡さないことは、情報漏洩の対策にもなるからです。

そこで、金型メーカーの職人は、限られた情報から自分が担当する金型の製作に取りかかることになります。このとき、もし部品の設計図の寸法とまったく同じ部品が成形できる金型を作ったとしたら、それはパーフェクトな仕事といえるでしょうか。

実は、答えはノーです。

というのも、隣り合う部品たちが机上の寸法にたがわず等しく作られていると、成形された部品同士が接触面で押し合って、ぴったりと収まらないことがあるからです。理由はいくつか考えられますが、例えば素材は気温や湿度によってごくわずかですが伸縮します。そのせいで組み立てようとしても部品同士がうまく噛み合わない、といったことが生じ得ます。

ベテランの金型職人は金型を製作する際、そうした事態を想定し、ごくわずか、寸法に余裕を持たせて作るのです。正確には寸法に違いが出るほどの余裕ではありません。しかし、そうして作られた金型から生まれた部品同士は、不思議となんの引っかかりもなく、すっと重なり、収まるべき位置に収まります。

良い金型とはこのように、ほかの金型で作られた部品ともストレスなく噛み合うようにできています。

ベテラン金型職人の手にかかれば、「寸法どおりに作ったのに、部品の嵌合《かんごう》（噛み合わせ）がうまくハマらなくてせめぎ合う」ということが起きにくいわけです。逆にそういうことが起きた場合、経験の浅い金型職人なら「寸法どおりに作ったのにどうして?」と、不思議に思うかもしれません。

両者の違いは、設計図の読み方でもなければ金型製作のための設備でもありません。ただ、目にも見えないような小さな調整を効かせているかどうかなのです。このように、別の部品と組み立てられることを意識して作られた金型は、使い勝手の良い「良い金型」であるといえるでしょう。

情報はなんでもデジタル化されて表現・共有される時代ですが、デジタルでは表記できない要素のなかにもまた、クオリティの源泉が隠されているわけです。

④メイド・イン・ジャパンである

「良い金型」の条件は、結局のところ、これに尽きるという考え方も、私はあっていいと思います。

先ほど、コストについて言及しましたが、金型はただ安く製作できればいい、というものでもありません。むしろ、金型自体は高くついても最終的に安くなるのが良い金型なのです。

あとでまた触れますが、金型業界は今、中国を筆頭に、急速に製造業を成長させてきた海外勢との競争に晒《さら》され、苦しい状況にあることも事実です。なぜかといえば、中国に発注すれば、同じ部品の金型が日本よりも安く作れるからです。

しかし、金型は使い捨てるものではありません。長く使い続けるものです。その金型で作られた部品を用いた製品が売れれば売れるほど、量産化は加速します。その酷使に耐え得るものでなければならないのです。

人件費が安いからという理由で、金型製作を中国企業などに発注すれば、確かに、そのときのコストは安く抑えることができるでしょう。そうやってコストを抑えれば、目先の利益が増えるため、製品メーカーで金型を発注する担当者は、ついその誘惑に駆られてしまいます。

しかし、そうして安く作った金型が仮に3年しかもたないのに対し、日本製の金型が10年もつとしたらどうでしょうか。金型に不良があれば、生産が止まり、大きな損失にもつながってしまいます。

金型が壊れたといって新たに作り直すとなると、そこで微妙な差異が出て、せっかく調整したほかの部品との噛み合わせがまた悪くなってしまう心配もあります。つまり、安くても壊れやすい金型は、その後に大きな損失のリスクをはらんでいるわけなのです。

製造業でトータルコストをできるだけ抑えるためにも、金型は一発で最高のものを作るべきです。そして、今現在、日本の金型メーカー陣ほど優れた金型を作れる金型「業界」は、私の知る限り世界中のどこにもない、ということなのです。

日本製品は1/1000グラムの重さでクオリティを守る

日本の金型が間違いなく世界最高水準にあることは、身近な製品からも実感できます。

例えば、腕時計や置き時計、壁掛け時計などでアナログの時計盤が近くにあるなら、それを眺めてみてください。秒針の動きに注目すると、とてもスムーズに動いているのが分かるでしょう。

特に腕時計の秒針は小さくて軽いですが、この針は重さのバランスがほぼ完璧で、中心軸から測って1000分の1グラムの偏りもないといわれています。さもないと、秒針の動きにムラが出て、時間表示が狂ってしまうからです。

時計の針は、プレス用金型を用いて金属の板から型抜きをして製造します。このとき、金属板がまったく歪むことなく秒針の形を抜き出すことができなければ、きれいな秒針を作ることはできません。その均等性を常に保って秒針を作り続けることができる大きな理由は、小さな部品を作るための金型の品質が非常に高いからです。

時計の秒針の製造は、日本メーカーが9割以上を占めているといわれていますから、この技術はほぼ、日本メーカーの独壇場といってよいでしょう。このレベルの精密さになると、人の手で再現することも適いません。いかに器用な職人でも、ここまで精度が高い秒針を質を保ったまま一つひとつ作り続けることは不可能です。

ジャパン・クオリティの金型があるからこそ、可能なことなのです。

金型は二重に品質が問われている

金型製作が特にハイレベルな仕事を求められるのは、その出来栄えが、金型自体を見て評価されるのではなく、金型によって作られた部品の質で評価される点にあります。

「良い金型」の条件でも触れましたが、指定された寸法どおりに金型を作ったとしても、それを使って作られた部品の出来がイマイチであれば、それは「金型のせい」になります。例えば、その金型で作った部品がほかの部品とうまく組み合わない、と製品メーカーから指摘を受けたとき、金型メーカーは、「金型は指定の寸法どおりに作ったのだから、うちのせいではない」と抗弁するわけにはいきません。なんとかその金型を微調整して、収まりのよい部品を作れるようにしなければならないのです。

金型の品質の良し悪しは、「その金型で良い部品を作れるかどうか」という〝働き〟でチェックされるのです。発注側の指示どおり、寸法どおりに作るのは当たり前。金型そのものとしての品質が良いことは当然として、その金型で作られた部品の品質がきちんとしているかどうか。そこがポイントなのです。

金型メーカーは、製作した金型を製品メーカーに納品したあとでも、部品の出来が良くなければ、その金型の調整などで対応しなければなりません。金型メーカーは、その仕事ぶりについて、二重に品質が問われているといってもよいわけです。

目の前の金型製作に打ち込むだけでは不十分。それが自分の手を離れ、10万個、20万個と部品を作り続けるなかで高い耐久性を保ち続けてくれるかどうか。そんな先のことまで思いを馳せながら、品質を追求しなければならないのです。

「子どものしたことの責任は親にある」ではないですが、「自分はちゃんと仕事をしているつもり。あとは知らない」では、金型製作の仕事は、成り立ちません。

一般的な表現をすると、「仕事で自分の分担を果たす際は、その影響を受けるあとの人のことまで考える」ということになるでしょうか。実際、どんな仕事であっても、そのような精神は必要だと思います。しかし、これがいかに難しく、面倒なことであるのかは想像に難くありません。

例えば、物を売る仕事ならお客さまに売りっぱなし、届けっぱなし、という仕事の仕方をする人は、決して珍しくありません。契約を交わしてお金をもらったらこっちのもの、そのあとでお客が困ろうが知ったことじゃない、という態度です。

よく会社でも「私は言われた仕事をきっちりこなしています」と大きな顔をしている人がいます。仕事は言われたとおりの結果を上げさえすれば、それで義務を果たしている、給料分は働いている、と思っている人がいるとします。しかしこういう人は、自分の仕事の結果を引き継いで、次の工程を担当する人のやりやすさを考えていません。

例えば、上司に何かのデータを書類にまとめてほしいと指示をされたとき、その上司がその書類で何をしたいのかを理解していれば、仕事の仕方は変わってくるはずです。表でまとめるだけで十分なのか。グラフを添えたほうが便利なのか。添えるとしたら、棒グラフがいいのか、円グラフが便利なのか。

そんなふうに「のちの工程のことを考える」とは、仕事の基本でもあるのですが、そういう気働きのできない人もよくいるのです。なかには、プロ意識というか、「自分の仕事をきっちり行う」という役割意識にこだわるあまり、融通が利かず、あとの人がやりにくい形でしか自分の仕事を次にパスできないという人もいます。本当の「いい仕事」とは、自分が満足することではなくて、自分のしたことがのちの工程に良い影響を与えることであるはずなのです。

「指示どおり」の先に仕事の価値がある

本書は、就職を控えた学生にも読んでもらえることを想定しているので、少し、仕事一般のことについても触れさせていただきました。

話題を戻しますが、金型製作では、この「のちの工程で良い影響を残す」ことが達成できていなければそもそも仕事として認められない、ということなのです。指定の寸法どおりの金型を必ず納期に合わせて作ることができる金型メーカーがあったとしたら、一見、それは良い金型メーカーに思えるかもしれません。

しかし、なぜかそのメーカーで作った金型はすぐに形が歪んでしまうとか、その金型で作った部品だと組み立てに支障が出るとか、後工程の作業現場で小さなトラブルが頻繁に起これば、やがてその金型メーカーに依頼する製品メーカーはなくなってしまうでしょう。

その金型メーカーの経営者は仕事を切られるとき、「うちは指示どおりにやっています！」と言うかもしれませんが、製品メーカーからすれば、「そういうことではないんだよな……」という気持ちになるはずです。

実際、試作品の金型作りで注目を浴びた金型メーカーが、量産品用の金型作りに事業を拡大したばかりに信用を失い、廃業に至ったというケースは私の記憶にもあります。

金型は、量産化する前の試作品（プロトタイプ）を作る際にも製作されることがあります。プロダクト・デザイナーの設計をとにかく一度形にして、三次元的に検討したり、量産化の計画を練るといった手続きを踏むためです。

試作品の金型は、何万個、何十万個もの成形に耐える必要はありませんから、金型に使われる金属もそれほど硬度は高くありません。むしろ、加工のしやすい柔らかい金属を用いることが一般的です。

試作品のための金型を作る金型メーカーは、ある種、業界のなかでも花形として見られているようなところがあります。「アイデアを初めて立体化する」というプロセスを担うところでもあり、大手メーカーのデザイン室に対して提案をしつつ、彼らをセンスの面でサポートしているような部分もあるからです。

そんな背景があるなか、あるとき、試作品専門の金型メーカーが業界でかなり注目されたことがありました。若くてセンスのよいスタッフを集め、華々しさもありながら実力もあると評判でした。職人の現場であり、どこか薄暗い工場で手を汚しながら働くイメージの強い「金型屋」ですが、そのメーカーは明るくおしゃれなオフィスで皆クールに働いているような印象。それが人気を集めたのです。例えるなら、一流デザイナーのオフィスのような、といったら分かりやすいでしょうか。

多くの製品メーカーから仕事を評価され、かなり業績を伸ばしたあと、その会社は量産化に用いる金型製作にも事業を拡大し始めました。事情は分かりませんが、わざわざ新しい金型メーカーに発注する面倒を省きたかった製品メーカー担当者が、「お宅では量産化に向けた金型は作れないの？」と相談をしたのかもしれません。

しかし、その手の受注を始めると、会社は徐々に評判を落としていってしまったのです。試作品のための金型であれば１００個も作れる必要はありませんから、耐久性への配慮はほとんど必要ありません。しかし、量産化のための金型となるとそれこそが大前提です。金型作りの発想が異なるし、素材について求められる知識も大きく違ってきます。

隣接しているようで、まったくの畑違いといっても過言ではないのです。

そのメーカーが作った量産化用の金型は「すぐダメになる」「組み立てで不具合が多い」といった評価が広まりました。そして、みるみる業績は下り坂となり、ついには廃業となってしまったのです。

試作品用の金型メーカーは、業界全体のごく限られた片隅にいる特殊部隊のようなものです。多くの金型メーカーにとって「いい仕事」をするには、納期と寸法だけでは不十分。金型の真価は、金型を納めた2年後、3年後、あるいは5年後、10年後のパフォーマンスによって決まってくるものなのです。

今の世の中、自分の仕事の出来について、それほど先まで意識しているプロフェッショナルがいったいどれほどいるでしょうか。

サラリーマンであれば、毎月の給料、今度のボーナス、今年の年収が気になるという人が多いのではないかと思います。目先の数字を上げて賞与額を上げたい。少しでも高い給料が欲しい。

私にもサラリーマン時代がありましたから、会社員がそういう気持ちで働いていることはよく知っています。今は経営者として、私自身、従業員の希望にはしっかり応えていかなければならないと思っていますが、一方で、話の順序としては、仕事そのものの価値をどう高めるかが先ではないのかとも思います。

あるいはお金とは別に、自分を認めてほしい、注目してほしい、という気持ちが先立って仕事をしている人もいると思います。職場で存在感を示したいと思うあまり、自分が目立とうとしてしまうのです。

しかし本来、仕事とは質が確かであれば、誰が目立とうが目立つまいが関係ないのです。それよりも、その仕事によって、この世の中にどんな良い影響が生じたかのほうが、仕事の価値としてははるかに重要なのではないでしょうか。

「日本の金型がすごい」とは周辺の層も厚いということ

この点、金型メーカーの現場の職人たちを見ていると、私はいつも頭が下がる思いがします。製品メーカー側の厳しい要求に黙々と応え、その成果を世に誇ることもしない。ヒット商品が生まれる背景に陰と陽があるとするならば、金型メーカーの現場とは、間違いなく陰の側面に当たるでしょう。

なぜなら、私たちは店頭やネットで製品を選ぶ際、金型メーカーの名前で選ぶのではなく、製品メーカーの名前で選ぶからです。例えばパソコンならば、「この機種はＣＰＵにどこそこの製品が使われているから〝買い〟だ」などと、内部の部品のメーカーを購入の根拠にしている人もいるでしょう。

しかし、同じような要領で、製品に関わった金型メーカーの名前を根拠に製品を買う人など見たことがありません（むしろ、一般の人は、金型メーカーの名前など、一つも知らないのが普通でしょう）。

もちろん、メーカー名やそのメーカーが展開しているブランド名が、製品のクオリティを保証する象徴であり、「買い手はそこまで意識する必要はない」というのが、売り手側のメッセージではあるのですが。それでも、人は、製品を手に取れば、各部の構造や見える範囲で部品の出来具合には注目します。しかし、そのとき、目の前の部品の金型にまで思いを馳せる人は、まずいません。

「この製品のこの部分は手にフィットして使いやすいな」と思う人はいますが、「こんな良い形をよく金型で作れたな！」と感心する人はいないのです。

そんなふうに金型業界とは、製品を前にどうしても存在が意識されにくい世界なのですが、金型こそが日本製品の縁の下の力持ちであることは、もはや十分理解いただけたことでしょう。

ここで同時に知ってほしいのは、「金型がすごい」とは、金型メーカーだけがすごいことだけを意味するのではない、ということです。金型メーカーがいい仕事をする、すなわち、金型職人がすごいということは、彼らを支える周辺の業界もまたすごい、ということなのです。

金型の設計図は、出来上がりの製品を元にした設計図から作られます。これは三次元の設計図となりますが、そのとおりに材料の金属を削るには工作機械が必要です。

非常に簡単に説明すると、工作機械に金型の設計図のデータをプログラムとして入力し、金型の材料となる金属をセットし、工作機械の運転を開始します。すると、工作機械に装着されたドリル（切削工具）が回転を始め、材料の金属を削っていきます。やがて、その設計図どおりに金属を削り終わったら、あとは微調整をして金型は完成します。

メイド・イン・ジャパンでは、非常に高い精度が求められるといいましたが、いくら設計図が細かく精密に作られていても、そのとおりに工作機械が動かなければ意味がありません。回転するドリルが左右上下に動いたり、固定された材料の金属がXYZ軸方向に回転をしたりして加工は進みますが、このとき、工作機械の動作にわずかでもブレが生じれば、それはそのまま金型の精度に跳ね返ってしまうからです。

例えば、金属を削るドリルは回転する際、真円を描くのが理想です。ドリルが回転しているのを正面から見たとき、ドリルの大きさがまったく変わって見えないのがベスト。もし、少しでも大きく見えるならば、回転軸がわずかにずれていて、ドリルが楕円軌道を描いているということです。その結果、残像が見えるため、ドリルが太く見えているのです。

ドリルがまったくブレずに回転するためには、工作機械のドリル装着部が真円を描いて回転しなければなりません。ということは、そこにつながる軸も正確に回る必要があるし、当然、モーターの動きも正確でなければなりません。

特に、素材の金属を押しつけた状態では、ドリルに圧がかかるため、回転がブレやすくなります。このように回転軸がずれてドリルなどが回ることを業界用語で「ビビる」といいますが、ドリルの回転は、どんなときでもまったくビビることがないのが理想。究極、ゼロが求められるなか、公差数ミクロンが許される範囲として設けられているのです。

すでに気づいたことと思いますが、このように正確に動作する工作機械を製造するのにもまた、精度の高い金型が必要です。

製品のために高精度の金型を製作するには、高精度の工作機械が必要。高精度の工作機械を製作するには、高精度の金型が必要。高精度の金型を製作するには……と、延々繰り返された結果、製造業全体の層が厚くなり、「メイド・イン・ジャパン」の信頼が世界に築かれていったのです。

もちろん、ドリルの進化もここに含まれます。製品の素材よりも金型の材料は堅いことが条件。それを削るドリルの金属は、さらに堅いことが条件となります。

ドリルが正確に真円で回転するには、重心のラインが完全に中心にきていなければなりません。そういうドリルを作るのにもまた、特殊な工作機械が必要で、その工作機械を作るためにもまた金型が必要で……。

鶏が先か卵が先か、といった話のようですが、元をたどっていったらキリがありません。

要は、金型が進化するために工作機械の業界も進化し、そしてまた金型は、新しい進化を求められていったということです。

いうまでもなく、この進化には終わりがありません。製品メーカーが新しい製品を作りたいと思うたび、金型が必要とされるからです。

特に、新しい素材を製品の材料に使いたいという場合、その硬度や加工のしやすさに合った素材を金型製作の際にも選ぶ必要があります。工作機械の動作もそれに合わせて塩梅《あんばい》の調整が可能になる必要があります。そこで、金型メーカーは時に工作機械メーカーや切削工具（ドリル）メーカーと相談して、製品メーカーのリクエストに応えようと努力します。

結果、日本では、0・01ミリの精度で金型を削るドリルが誕生しました。そして、このドリルを用いてもドリルが折れないように回転速度や圧力を調整して動作する工作機械もまた誕生したのです。

このような業種を越えたチームワークこそが、日本のものづくりを世界トップクラスにまで導いたわけです。世界には、製造業を促進して経済成長を目指している国も多いですが、それがなかなか難しいのは、材料の加工に関連する各種業界の連携を国内で実現するには非常に時間がかかるから、ともいえるでしょう。日本には優れた工作機械メーカーも、切削工具メーカーも多数存在しています。その結果、金型メーカーはリクエストに応じて、柔軟に作業環境を進化させることが、比較的迅速に可能なのです。

日本の金型を修理できるのは日本のメンテナンス業者だけ

これほどのハイレベルを誇る金型業界を支えているのは、工作機械メーカーや切削工具メーカーだけではありません。金型のメンテナンスに関する業界もまた、同じように高度な進化を遂げています。

完成した金型は、メーカーの製造ラインで使用され、何十万回も同じ形の部品を作り続けます。金型と製品の素材とが触れ合うことが繰り返されるなかで、当然、金型は汚れたり、摩耗したり、潰れたり凹んだりすることがあります。

「型が壊れた」と、新しい型を作り直すのもいいですが、それには大きなコストがかかりますし、型が出来上がるまでラインが止まってしまいます。新しい型が出来上がっても、最初のうちはやはり何度も作業を止めて、繰り返し金型の微調整をしなければならないかもしれません。いわば、新しい金型が「なじんでくる」までの調整作業を、また一からやり直さなければならなくなるかもしれないのです。

それよりも、既存の型をこまめにメンテナンスしたほうが、コスト的にも効率的にも有利です。汚れてきたら定期的に洗浄し、小さな凹みや傷、打痕が見られたら、すぐにそこを溶接で修復し、きれいに磨く。ダイカスト用金型では、高温に溶けた金属と常に接触していますから、コーティングをしておくと金型は長持ちさせることが可能です。

金型のメンテナンスには、専用の洗浄機や溶接機、研磨機やコーティング装置などを用います。私はこれらを金型メーカーに対して開発・製造・販売する会社を経営しており、営業活動をとおして、全国の金型メーカーの経営者や職人さんと交流させていただいています。

そんな私が語るのは若干、自画自賛に聞こえるかもしれませんが、事実として、確かに、金型メンテナンス業界もまた、日本は世界トップクラスであるといって過言ではありません。一口にメンテナンスと言っても複数の工程がありますので、金型のメンテナンス機器を提供する業者も、総合的な金型への理解と技術力が問われるからです。

例えば、樹脂成形の金型の場合、メンテナンスは、分解↓洗浄↓溶接↓研磨↓組み立ての5工程になります。

まず、成形機に装着された金型を取り外したら分解し、金型の製品面についた樹脂汚れなどを洗浄機で洗います。洗浄液の入った槽に金型を浸け、超音波の振動で汚れを落とし、その後、洗浄水の槽でリンスをする、といった要領です。

型がきれいになると凹みや傷、打痕が鮮明になりますので、次にこれらを溶接によって修復します（肉盛溶接）。溶接機は、最細で0・1ミリの溶接棒を使うことが可能で、そこから0・1～2ミリ刻みで、2ミリほどの太さの溶接棒があれば、金型の修復には十分といえます。ただし、溶接の際、なるべく金型に負担をかけないことがとても大切です。

溶接というと、バチバチと火花を散らして金属同士を溶かす様子をイメージするかもしれませんが、そのように長時間、1カ所を高温に晒《さら》すのは金型には望ましくありません。そこで、金型メンテナンス用の溶接機では、一瞬のスパークを繰り返し、ピンポイントで

[写真 2-1] 超音波研磨機を使用した磨き

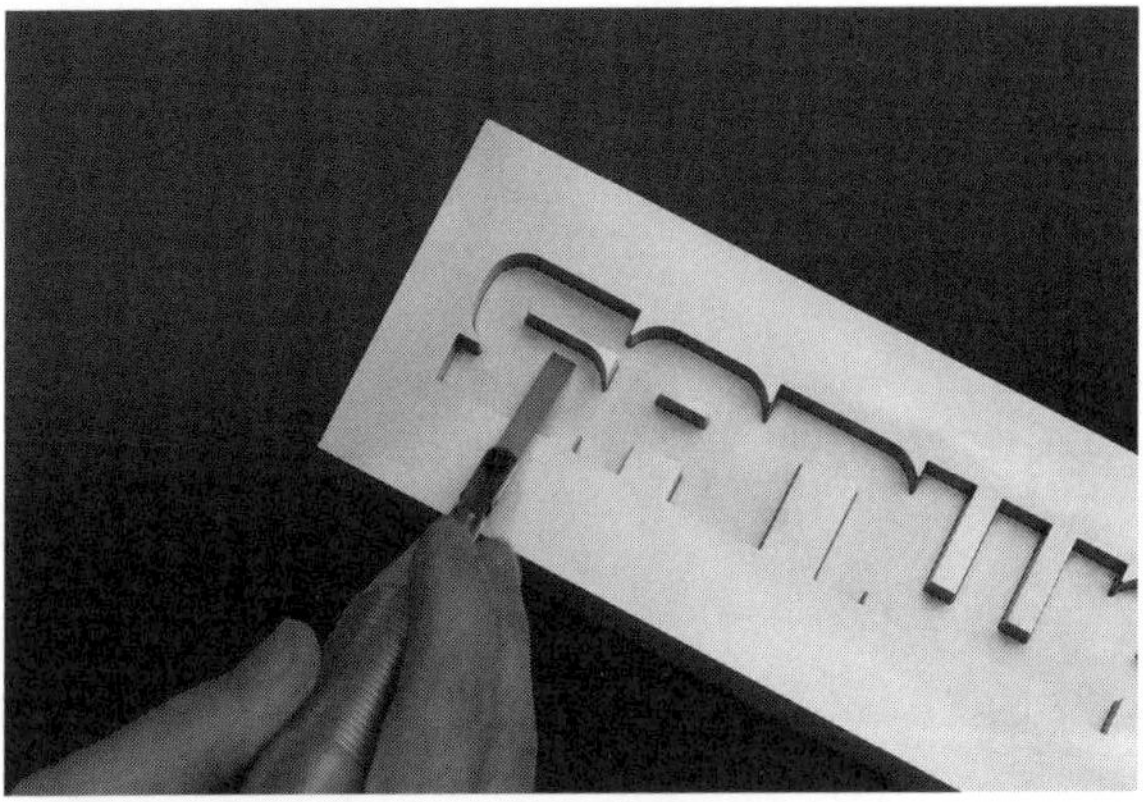

[写真 2-2] 溶接機による金型の補修

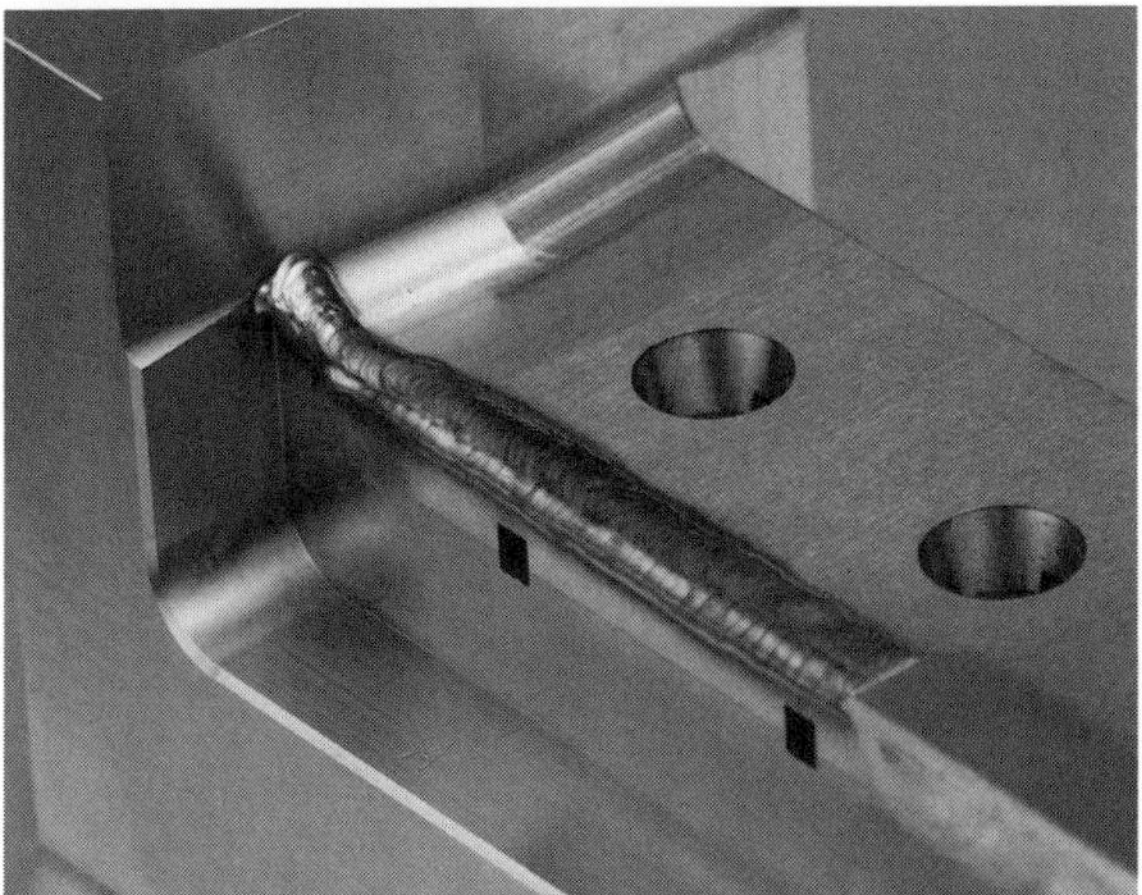

修復したい箇所に肉盛溶接ができるようなものが最先端の仕様となっています。

溶接が終わったら、その部分を研磨機によって滑らかにします。研磨機のハンドツールの先端に装着したセラミックや木製のチップが超音波で1秒間に約2万6000回もの超微細振動することで、金型を研磨する仕組みです。このように、できるだけ金型に負荷をかけない方法を採用することで、金型の精度が損なわれないようになっているのです。

これらの作業が終わったら、再び金型を組み立て、成形機に取り付ければ、メンテナンスは完了です。

「過剰品質」は日本の製造業にしかない概念

金型の精度を追求するあまり、金型の周辺業界まで非常に高度に進化したのが、日本の製造業の有様です。その結果、日本の製造業には、他国には見られない概念とキーワードが誕生しました。

それが「過剰品質」という言葉です。

日本の製造業はより良いものを求めるあまり、「良過ぎるもの」を生み出し、それがメーカーにも買う側にも、当たり前の要求水準になってしまったのです。

自動車が典型ですが、日本の部品メーカーは、100%ではなく、常に120%の品質を求められ、また自身でも追求しています。グリル一体型フロントバンパーすら数ミクロンの誤差があれば不良品として弾かれることはその象徴ともいえますが、品質への姿勢は見える部分だけに限りません。車の底部や内部など、乗る人には見えない部分、快適さにはまったく関係のない部分にまで高品質を追い求め続けてきたのです。

もちろん安全性や耐久性に問題があってはいけませんが、例えば、車体内部に用いられる部品の外側で、ほかとまったく触れ合わない箇所に小さなバリが残っていたらどうでしょうか。これは自動車の安全性にも、乗り心地にも、そして耐久性にも、おそらくまったくといっていいほど影響しないでしょう。しかし、日本では不良品として弾かれてしまうのです。

日本の製造業の過剰品質は、自動車以外の製品でも見つけることができます。

一時期のいわゆるガラケーのハイスペック化競争なども、その典型といえるでしょう。

例えば、サイズと重量に関して、何ミリ薄くなった、何グラム軽くなったと、メーカーはこぞって宣伝していたものです。

もっと細かいところでは、近年、バッテリーの蓋のツメが密かに進化していたことに気づいた人はいるでしょうか。少し前まで携帯電話やその他、バッテリーを装着する機器では、蓋にロックする部品があり、バッテリーを取り出すにはロックを解除してから蓋を外す必要がありました。それが今は、蓋をスライドするだけで開けたり閉めたりできるようになっています。この仕組みのある／なしは、おそらく、消費者の購入動機にはほとんど影響しないと思いますが、しかし、密かに金型が改良され、蓋のツメだけで閉まるようになっていたのです。

携帯電話などのコネクタ部分も年々小さくなっていることは、皆さん気づいているでしょう。スマートフォンの充電部分は、ｉＰｈｏｎｅが登場した当時、随分幅広だったものですが、今では1センチにも満たないくらい細くなっています。実はこれも、日本の金型＆部品メーカーの努力の賜物です。

携帯電話側のコネクタ部とケーブル側の端子は、金属部分がくし状になっており、そこが互いにぴったりマッチする必要があります。それには1ミクロン単位で互いの寸法が重なる必要があるわけですが、そのための金型を作ることができるのは、この精度が実現可能な日本のメーカーだけだったのです。

医療分野でも、人体に埋め込む小型カテーテルのように、小さいながら高精度と耐久性が求められる製品は、日本メーカーがほぼ独占しています（医療機器に関しては、そのほかでも、日本は高いシェアを誇っています）。「痛くない注射針」で知られる注射針は、先端の外形0・2ミリ、内径0・09ミリという脅威の寸法です。繰り返しになりますが、このような画期的な製品もまた、量産化を可能にした日本の金型の技術があったからこそ、なのです。

日本の製造業は、どうしてそこまで細かいところにこだわるのか。金型メーカーは、徹底的に精度を追求するのか。

そこには、いわゆる「おもてなし」の精神に近いものがあるのかもしれません。

誰も気づいていないニーズを掘り起こして形にし、「これが欲しかったんだ！」と消費者に気づかせることはビジネスの基本とされますが、日本の製造業のアプローチは、海外からしたら異常ともいえるような気がします。だからこそ、日本の製造業は独自の地位を確立できたわけですが、今、そのポジションが海外勢によって危うくなりつつあるのも事実です。

次章では、そのことについて見ていくことにしましょう。

［第3章］

ピンチをチャンスに変えろ！ グローバル化とコストカットに立ち向かう金型業界

衰退の危機⁉　日本のものづくりが危ない本当のワケ

日本の金型技術は、世界に誇るメイド・イン・ジャパンの商品たちがまとう価値の源泉といっても過言ではありません。いかに製品メーカーに優秀な研究開発、企画、営業などの機能があったとしても、製品化、量産化の際に当初期待された高品質を維持できるかどうかは、結局のところ、金型の技術にかかっているからです。

完成品の設計図が完璧な状態だとしても、金型化すれば、必ずといってよいほど理想状態からの劣化が生じます。デジタルデータをコピーするのとは違いますから、これはどうしたってやむを得ないことなのです。

しかし、そこでどれだけ劣化の幅を小さくすることができるのかが重要です。できるだけ理想の完成品に近い金型を作ることができれば、その分だけ、その金型から生まれた部品、そして組み立てられた製品は質が高いということになります。優れたアイデアが商品として実現され、私たちが高品質の製品をリーズナブルな金額で買うことができるのは、金型のおかげなのです。

今の日本の物質的な豊かさは、日本の金型メーカーがあってこそなのだと、ここで改めて強調しておきたいと思います。

ただ、そんな金型業界は残念ながら、衰退の危機に瀕しています。今のところ、まだ「日本製品」には、世界から高い信頼が寄せられていますが、10年後、20年後もそうであるのかははっきりいって分かりません。「日本のものづくりが危ない」というフレーズは、皆さんもどこかで聞いたことがあるでしょう。

しかし、そう声高に叫ばれている割には、原因の本当の在処《ありか》についてはまだあまり世の中に理解が広まっていない印象です。少子高齢化で若い働き手が少なくなっている、新卒で製造業の会社に就職する人が減っている、中小企業の製造業者で後継者がいない、だから技術の継承が難しい……。

多くの場合、「ものづくりが危ない」の理由としては、まずそのような「人手不足」が挙げられることが多いと思います。

その次によくいわれるのは「人件費の安い海外勢に押されているから」という理由でしょうか。

確かにそれも一理ありますが、「価格競争で日本は負けている」で片付けてしまうのは、少々問題を大ざっぱにとらえ過ぎているような気がします。

私にいわせれば、「日本のものづくりが危ない」の大きな理由はただ一つ、「金型業界が危ないから」です。

リーマン・ショックでどん底を見た金型業界

平成の30年間（1989～2018年）を振り返ると、日本の金型生産額はピークの1991（平成3）年の約1兆9575億円に比べて各段に縮小しています。生産額は数年幅での下降と上昇を繰り返しながら減少幅の方が大きく、少しずつ縮小。そんななか、2008（平成20）年のリーマン・ショックによって急激な落ち込みを迎えました。

世界中の金融市場と経済が混乱して危機に陥り、世界各地の株式市場が暴落。企業がこぞって守りに入り、投資を控えた結果、その2年後となる2010（平成22）年には、日本の金型生産は約1兆0874億円に急降下しました。1991年の値に比べて約44％もの市場規模場の縮小です。

大手メーカーが支出を抑えた結果、金型メーカーへの注文がなくなり、その影響で一気に売上が下がってしまったという格好です。製品メーカーと金型メーカーとの取引では、金型メーカーが受注してから金型の製作↓納品↓検品↓請求↓入金までに1年近くかかることも珍しくないため、リーマン・ショックの余波が2年遅れて本格的にやってきたわけです。

この大打撃によってどん底まで落ち込んだ当時に比べれば、生産額はさすがに持ち直してきましたが、それでも2017年は約1兆5258億円、2018年は約1兆4540億円（推定）と、全体で見れば緩やかな縮小トレンドのなかにあるといっていいと思います。（経済産業省統計データより）

リーマン・ショックによって中小企業は一気にふるいにかけられ、やっと生き残った企業たちが息を吹き返してきた、といったところでしょうか。世界経済という大きな〝自然〟のなかで淘汰が起こり、金型業界でも、舞台を去るべき弱いメーカーが去り、生き残るべきメーカーだけが残ったとするならば、それは自由経済市場の摂理として受け入れざるを得ない面も確かにあるでしょう。

実際、金型の事業者数と従業員数で見ても、1990（平成2）年の1万3115社（11万5412人）をピークに下がったり上がったりをしながら、2014（平成26）年には7820社（8万3349人）にまで減少しています。（同）

ちなみに金型業界では、2017（平成29）年の時点で10名以下の事業所が約8割、20名以下の事業所が約9割となっています。資金力が非常に限られるなか、長引く日本経済の停滞とそこに訪れた大きな荒波に小さな事業所たちが次々に力尽きていったことは想像に難くありません。

とはいえ生産額が持ち直していることについては、大手製品メーカーが安い海外企業への生産委託を一気に加速したのち、やがてまた国内に回帰してきたという流れも読み取ることができます。

ただ、平成から令和の時代に入り、金型業界のメーカー一社一社は、ますますシビアな環境の下で事業の継続を迫られるようになったはず、とは総括してもよいのではないかと思います。

今の時代、まったく疲弊していない元気な金型メーカーなど、日本国内にはほぼ皆無に等しいといっても過言ではありません。

良い金型がなければ、良い製品は作れません。しかし、良い金型を作る業界は、着実に弱っている。だから日本のものづくりは今、衰退が危惧されている――。

その実情を知ってもらうために少しデータを振り返りましたが、本質は簡単な道理です。

山頂の水源が濁れば、下流の河川も当然、汚れます。大手製品メーカーは、発注者として製造業界に君臨しているようにみえますが、製品を世に送り出す具体的な流れを河に例えるなら、彼らが立っているのはいわば最下流のパート。街に住む人々の喉を潤す役割を持った流域が、製品メーカーの担当エリアなのです。

確かに、「水はどう流れるべきか」という河の形のデザインは、大手製品メーカーの役割かもしれません。しかし、そこに向けて何色の水を流すのかは、いわゆる〝下請け業者〟と呼ばれる立場の中小企業達が担う役割なのです。

そして、この〝河〟の最上流の領域を守っているのが、金型業界です。

金型があるから、プレスや鋳造、そのほかさまざまな方法で多彩な素材が部品となります。それが工場で組み立てられ、やがて出荷されていく。再三述べてきたように、金型こそ最終生産品の精度と品質の原点です。金型がダメなら、製品は必ずダメなものしか生まれないのです。

金型業界を支える事業を微力ながら担う者の一人として、私はこの業界の将来に強い危機感を抱いています。しかし、金型業界を一歩離れると、この思いを分かってもらえる人には、残念ながら、まず出会いません。

それはそうでしょう。そもそも日常生活を通して、金型を目にすることは、まず有り得ないのですから。

一般論でもいえますが、見えないものの価値やありがたみに気づける人は、そう多くはありません。そんななかで、人知れず金型業界は弱っていることを皆さんにも知ってほしいと思います。

ここからは、なぜそんなことになってしまったのか、考えつくままに理由を挙げてみましょう。

といっても、私は別にこの業界の未来をことさら悲観したいわけではありません。

ここで整理したことは、本書の後半に向け、日本の金型業界が新たな活路を見出すためのヒントにつながっていくと考えているからです。

理由1　貪欲な営業が苦手

金型メーカーのほとんどは、10人規模、多くて20人規模の中小企業でも小規模な部類の業者です。たいてい、社長は金型職人を束ねるリーダーであり、自身もまた、日々、金型作りで腕を奮っています。

社長の腕があるから、製品メーカーからオーダーがくる、という営業スタイルが普通だと思います。経理や事務を担当しているのは、社長の奥さんや近所のパートが多くて2、3人。それ以外の従業員は、ずっとパソコンの前で設計をしているか、工場で実際に金型を作っているかのどちらかというところです。

工場が必要ですから、事業所は土地代のかかる都心部を避け、郊外や地方に多く存在しています。経営者も職人気質ですから、金型に関してはとにかく研究熱心ですが、それ以外の事柄に関してはあまり頓着しないという性格の人が多いように思います。

そんなわけで、金型業界に苦境がもたらされた第一の理由には、「経営者が営業が苦手だから」を挙げたいと思います。

私も国内外の数々の営業先や展示会などで名刺を配っていますから、海外の金型メーカーからの営業メールが毎日、何通、何十通と届きます。なかには、テンプレートの文章をただ機械翻訳しただけの文章をばらまいていることが明らかなものも少なくありません。中国や東南アジアの金型メーカーからのメールが多いですが、彼らは日本語が変だろうと構わずに、とにかくメールで売り込んできます。それで誤解されたり、笑われたり、悪い印象を持たれたりすることは、いっさい恐れていないかのようです。

パソコンの前に座るたびにこういうメールの整理に時間が取られるのは困るなあ、と思うのですが、それと同時に「こういうガツガツしたところが、金型メーカーさんには欲しいんだよなあ」とも思います。日本の金型メーカーの社長は国内のメーカーに対してすら、こんな売り込み方は絶対にやらないでしょうから。

金型メーカーの職人たちは、金型の技術ではすばらしいものを持っているのに、もったいないことに、それを発揮する機会を開拓するハウツーで弱いのです。「そんな暇があったら、金型を作っているほうがマシ」と考える経営者や職人も少なくないかもしれません。

つまり、「営業をかける」ということに関する意識が海外に比べると、どうしても薄く見えてしまうのです。その一因には、仕事が発生するパターンが顧客メーカーの担当者との長年の付き合いや、その担当者の口コミ、あるいは噂を聞いて顧客の方から声をかけてくるといった形の場合が多い、ということが挙げられると思います。「いい仕事をしていれば、注文が続く」という仕事スタイルが通常運転なので、「何かお困りのことはないですか」と、普通の営業マンが行うような見込み顧客へのアプローチは、金型業界ではほとんど広がっていません。

「良いものを作れば売れる」という意識は、金型業界に限らず、日本の製造業全体に深く根付いた美徳あるいは信念ともいえますが、経済のグローバル化が進み、ヒト・モノ・情報が世界中を自由に行き来し、ビジネスの競争が繰り広げられるようになった現在、こうした奥ゆかしさは不利にしかなりません。

かつては、大手製造メーカーにも職人の心が分かる人がいて、互いに意気に感じて同志のような感覚で新しい製品作りにぶつかっていった時代もありました。ですがスピードやコストへの評価がますますシビアになるなか、「こっちから仕事を奪いにいく」くらいの貪欲さは、できれば欲しいところです。さもないと、猛プッシュしてくる海外企業との顧客の取り合いで、ますます苦しい立場に追い込まれてしまうのではないでしょうか。

仕事を拡大するための営業マインドには、「80点の製品を120点のものであるかのように言う」くらいの気概があってもよいと私は思います。

「うちの技術はすごいですよ」とあちこちに吹聴し、見込み顧客が「だったら、これできる?」と尋ねてきたら、ちょっと自信がなくても「もちろんです!」と引き受ける。「大変だ。さあ、どうしよう?」とはその後、考えればよいこと。そんなふうに背伸びをした受注から、新しい成長や展開が生まれることも多いはずです。

その点、金型メーカーの経営者は「120点のものを80点であるかのように言う」ことは得意でも、その逆は絶対にできない気質なのです。常に高い精度を要求され続け自身も求め続けてきたこともあり、どうしても「直したい部分」に目が行ってしまうのかもしれません。

自分の実力や製品のクオリティを一回り大きく説明することには、きっと後ろめたさも感じてしまうのだろうと思います。

もちろん、金型業者の競争において、最後に勝利の鍵となるのは品質に決まっています。しかし、海外の金型メーカーを利用し始めた大手メーカーがそれにやっと気づいて選んでくれる（あるいは戻ってきてくれる）前に会社が倒れてしまっては、元も子もありません。今は大手企業でも、ツイッターをはじめとするＳＮＳで気さくな発信を通して見込み顧客との距離を縮めている時代です。

急にそこまでがらりと変わってほしいとまではさすがにいいませんが、営業開拓に関して、もっとハングリーになってくれれば、業界ももっと盛り上がるのでは……とは感じています。

理由2　宣伝ができない

ただ、早速、反対のことをいうようですが、情報発信に関して金型メーカーにはどうしても自由にできない足枷《あしかせ》がつきまとっていることも事実です。というのも、金型メーカーが手がける製品（つまり金型）は、大手製品メーカーが新発売を目指す製品の部品のためのものであることが通常だからです。

従って金型メーカーにとって、「今、どんな仕事をしているのか」は秘密中の秘密。金型の内容が明かされてしまえば、どんなものを作ろうとしているのか、どんな部品に改良することで機能向上を実現しようとしているのかなど、製品の核となる部分の情報が知れ渡ってしまいかねません。そこで当然、顧客である製品メーカーは金型メーカーに秘密保持契約を結ばせ、情報の拡散を予防します。そんな状況で、もし製作中の金型に関する情報が漏れたら、重大な責任問題になってしまいます。

ということで、「こんな金型を作っています！」などと、ホームページやSNSで発表することはおろか、対面での見込み顧客との商談でも口にすることはできません。見込み顧客の相談に対し、「似たようなオーダーで過去にこういうものを作ったことがありますから、大丈夫ですよ」と具体的に説明できれば、相手を安心させることができていいのですが、そういうトークは契約上、許されていないのです。

いかに優れた技術、オンリーワンの技術を持った金型メーカーであろうと、「何がすごいのか」「なぜすごいのか」を、余すところなく明かすことはできない切なさがすべての金型業者につきまとっています。

大手メーカーの金型を手掛けた実績を謳えるのは、せいぜいその金型を使った製品の生産が終了したあとのこと。「あのヒット商品に関わったのはウチなんですよ」とホームページで紹介しても、すでにホットな話題ではなくなっていますから、さして注目を集めることはできません。もしくは製品メーカーにとって、バレても構わないような部品についての仕事でしょうか。しかしそういう仕事は、さして技術的に高度なものではなかったり、誰の目にも見える部分の部品であるので、宣伝したとしても業界の耳目をそれほど集めるようなことにはなりません。

要は、仕事の実績に関しては、非常に当たり障りのない情報しか発信できないのが、金型メーカーなのです。

そんななか、金型メーカーの技術力の目安になるのはホームページの事業概要のところに記されている「主な取引先」。例えば、そこに自動車メーカーの名前があれば、その金型メーカーは確かな実力を備えているといっていいでしょう。逆にいうと、ホームページにひっそりとそう記すことでしか、自社の力を誇ることができないという悲しみがあるのです。

もちろん、なかには独自の工夫によって製品を先行的に開発し、「ウチの金型を使えば、工数が減り、コスト削減にも効果的ですよ」とホームページで説明しているような金型メーカーもあります。

例えば、私もよく知る金型メーカーに、筒状のプラスチック製品やシャワーヘッドのような構造の金属パイプのねじ切り加工に新しいアイデアを盛り込み、金型の製作工数や部品数の削減に成功した会社があります。独自のアイデアなので、その内容はホームページにも分かりやすく説明されているのですが、これはいわば、金型メーカーが提供する基本の形。「このアイデアは、具体的にはどのメーカーによって、どんなふうに応用されて実際の製品に活かされたのですか?」と質問しても、秘密保持の義務があるため、それを教えてもらうことはできません。

実際、ホームページの取引先の欄には「大手衛生陶器メーカー、大手住宅設備機器メーカー、大手容器メーカー、精密機器メーカー、医療機器メーカー、自動車内装機器メーカー、その他多数」とあるだけで、「あのメーカーのこの製品」と名指しで教えてもらうことはできないのです。

いわゆるクレジット表記ができないというのは、中小企業にとってはなかなかツラいところです。

大手メーカーであれば、会社の看板で顧客は振り向いてくれますが、ほとんどの中小企業ではそういうわけにはいきません。映画のエンドロールにあるスタッフクレジットのように、誰が何を担当したのかが明確に公になっていれば、そこから仕事が広がるチャンスもありますが、その道は金型メーカーにはほとんど閉ざされています。

理由3　過剰品質の追求を止められない

日本の製造業は「過剰品質」という変わった考え方があることについて、前章で触れました。日本のメーカーは異常なまでの目配りで細部のクオリティにこだわることで、独自の地位を獲得してきたのです。

しかし海外の市場では、はたしてそこまでの「おもてなし」は求められているのでしょうか？

海外旅行をした経験がある人なら分かると思いますが、海外ではお土産一つとっても、日本のものとは品質がまるで違うことにすぐ気づきます。食べ物の味にはそれぞれ文化の違いがあるとしても、箱が開けづらい、お菓子のサイズがバラバラ、オモチャの塗装が適当、動きが微妙……などなど。新興国や先進国など、国の違いでその印象には差があるものの、日本の品質が当たり前だと思っていると、気になる箇所はいくつも見つかるはずです。

しかし、海外の人にとっては、「それでOK」なのです。

海外は日本に比べ、品質と価格の関係にかなり合理的な印象です。「この価格なら、この程度で構わない」という割り切りが、日本人の感性に比べて、相当はっきりしているように思います。

例えば、第1章の冒頭でも触れたペットボトルの品質についてもそうです。

ペットボトルは上から見ると、細い線が1本あることが分かります。これは「ガラス用金型」のところで説明した「ブロー成形」の金型の境目です。二つの金型がここで合わさり、その空洞内で樹脂が膨らんでペットボトルが成形されたのです。

金型の境目ですから、そこにはどうしてもすき間が生まれてしまい、盛り上がり（バリ）が生じるわけです。金型業界の人なら、そのバリの大きさから、使われている金型が日本製なのか、海外製なのかが分かります。海外製の金型だと、ツメでカリカリと強く引っかけられるくらいにバリが残っています。日本製だと、その膨らみはゼロではないものの、もっとツルツルです。そして大手飲料メーカーでは、前者のようにバリが残ったペットボトルは不良品として弾かれてしまいます。

しかし、考えてみてください。

ペットボトルに多少のバリがあったところで、中身の味は変わるのでしょうか。実際、私が今ここにペットボトルのバリの話を書いたことで「ちょっと確かめてみよう」と、初めてそのことを意識した人も多いのではないでしょうか。

教えてもらえれば、「日本のメーカーはそこまでこだわっているのか！」と、確かに感心します。しかし私たちは、「ペットボトルのバリが小さいから」という理由で、その飲み物を買っているわけではありません。

それでも金型メーカーは、その違いにこだわらざるを得ません。なぜなら、製品メーカーがそれを求めるからです。

ペットボトルはまだ構造がシンプルですが、より複雑な金属部品などに対しても、日本の大手製品メーカーは目を皿のようにしてとことんアラを探し、容赦なく金型にクオリティを求めてきます。金型を作り、製品メーカーに納め、向こうの工場で試しに使い、細かい調整のために金型が差し戻されてくる。そんな手続きを延々としている間に、海外の金型メーカーは、どんどん新たな顧客を開拓し、価格なりの成果物を納品し、取引を重ねています。

「品質を追求する過程で技術力が磨かれた」という指摘は、確かにそのとおりでしょう。しかし、「それは本当に必要な技術だったのですか？」という疑問も同時に湧いてくるわけです。

過剰品質へのこだわりを捨てること。それによって金型メーカーの負担が軽減すれば、新たな展開に期待する道も開けてくるのではないだろうかとも思うわけです。

実際、自動車メーカーでも価格に応じて、金型の製作自体を海外に任せるケースは増えつつあります。「見えない部分も120％のクオリティで」とあくまで妥協を許さなかった姿勢から、「見えない箇所で、安全性にも耐久性にも影響しないなら、その部品は90％の出来で構わない」と方針の転換も見られるようになってきています。「ちょっとのバリなら大目に見る」といったニュアンスのものですが、このような傾向によって、金型メーカーの人たちの労働負担が軽減し、人件費が少しでも削減できるのであれば、経営にはよいことではないかな、と思います。余力が生まれれば、違った経営努力も可能になるわけですから。

ただ一方、「自動車メーカーとして、ここだけは絶対に譲れない」という部分も残り続けることは確かでしょう。例えば、ボディ周りや内装などで「90％の品質で良しとします」ということは、例えば高級車のラインナップでは10年後も有り得ないはずです。

そうした部分については、あくまで過剰品質を追求し続けてもよいと私は思います。それは人の五感に訴える形で、日本製品の強みを伝える役割を担ってくれる大事な領域だからです。

理由4　技術に対するリスペクトが低い

最も包括的に表現するならば、このような言い方ができると思います。

日本の製造業界は、競争力の源泉ともいえる高い精度の金型を提供し続ける金型メーカーの各社に対し、果たしてどれほどありがたみを感じているのか……。不思議に思うことはよくあります。

実際、私の知るプラスチック用金型を扱う金型メーカーの社長は「『士農工商プラ金型』って言うからな」と、自虐的に笑います。コストで叩かれ、品質は要求され、されどその矛盾を解決した技術やアイデアは当たり前のように持っていかれ……。

きちんと金型を作るために必要とされるシュアな基本技術はもちろん、複雑な形状や構造を実現するための課題をシンプルに解決した知恵と経験といった応用力の価値が、製品メーカーには分からなくなってしまったのでは、とも思うのです。

実際、そのような声が金型メーカーの経営者や職人から聞かれることは、近年、ますます増えてきました。製品メーカーにも「金型部」のような部署は存在するのですが、そこに所属する社員は、金型作りにはおそらくほとんど関わっていないはずです。金型メーカーと打ち合わせをして、発注をして、金型を調達する仕事をするから「金型部」であるに過ぎないからです。

先の金型メーカーの社長からも、新しい仕事の相談があると言われて製品メーカーに打ち合わせに出向いたところ、こちらの意見や説明がまったくといっていいほど理解されなかった、といった話はもう別に珍しくないと聞きました。

「こんな金型を作ってほしい」と図面を見せられ、コストありきで価格を提示される。それに対して職人の立場から「それではできないよ。なぜかというと……」と説明しても、若い担当者には話が入っていく感触がほとんどないというのです。「前の担当者がお宅にお願いしていたから」とか、「コスト削減目標がこのくらいあるから」とか、そういう理由で発注を済ませようとしているからです。「この製品のための金型を作るには、こういう素材や技術が必要で、これくらいの時間がかかる。だから費用としてはいくら必要」と、技術屋として価格や納期の必然性を述べても交渉にならないのです。

その社長はとても技術力のある人なので、そういう場合、「だったらウチでは無理ですね」と、席を立つことも辞さないそうですが、技術力や先行きに不安のある金型メーカーであれば、金額的には厳しいことを承知で、こうした仕事をとっていかざるを得ないこともあると思います。

そういう受注が続くと、当然、経営は赤字体質に陥っていくわけです。しかし、それを発注側の製品メーカーは既成事実とし、次の発注の基準にしてしまうのです。

金型の技術へのリスペクトの低さは、もっと露骨なやり方で示されることもあります。製品メーカーは、2番型、3番型、4番型……の製造を海外の安いメーカーに当たり前のように発注してしまうのです。

何が問題かというと、こういうことです。

製品メーカーが新しい製品を大量生産するために、ある部品の金型を必要としているとします。それは高い技術がいるものなので、まず日本の金型メーカーに、「この部品のための金型を一つ作ってほしい」と依頼します。その後、無事にその金型が製品メーカーに納品されたとしましょう。

一つの金型では、同時に作ることができる部品の数は一つか、多くて数個程度。大量生産のペースを上げるには、同じ部品を一度にもっとたくさん作れる体制を整える必要があります。そこで製品メーカーは、最初に作った金型のコピーを欲するのです。

最初の金型を1番型といいます。それを基に同じ形に作られるほうが2番型、3番型……です。

当然、最も難しいのは、製品の設計図を基に金型の設計図を作成し、型としてはゼロから作り上げることになる1番型の製作です。その後は、この金型をコピーすれば次々に2番型、3番型……と作ることができます。クライアントのメーカーは時に金型の納品を受ける際、設計図も付けるように指示する場合もあります。

そして、1番型の情報をどこに持っていくかというと、人件費の安い海外の金型メーカーへ、なのです。難しい問題解決を伴う1番型の製作は日本の金型メーカーに任せ、それの複製は海外メーカーに回してしまう、というやり方です。

「国内金型メーカーは、製作を任された金型で大量生産をすると聞いていますから、「1番型をうまく作れれば、2番型、3番型の仕事ももらえるはず」と、期待して仕事に取りかかります。2番型、3番型の仕事で元を取ればいいと考え、1番型の製作では、「少し無理をして赤字になっても手間暇かけて良いものにしよう」、と思うこともあるでしょう。もしかしたら、そういう期待を匂わせる話を発注側の担当者がしているかもしれません。

しかし、その期待は裏切られます。1番型の苦労を収穫する仕事ともいえる2番型、3番型……の仕事は、無情にも海外に回されてしまうのです。

この話、皆さんはどう思うでしょうか。

もちろん、製品メーカー側も慈善事業で仕事を依頼しているわけではありませんから、1円でも安い方法で自社のニーズを叶えたいと考えて当然です。その意味で製品メーカー側の担当者は、会社が求める要求を忠実にクリアすべく、最善の手を選択しているのかもしれません。

しかし、「そこに仁義はあるの?」と思わず問いたくなるのも事実です。そんなやり方を続けて日本の金型メーカーが疲弊して、困るのはいったい誰なの?と。

しかも、こういう目に遭いやすいのは、腕の良い職人を擁する金型メーカー。彼らほど、便利屋のように扱われてしまうのです。

例えばその後、2番型、3番型が壊れたら、その修理を製品メーカーはどこに依頼するでしょうか。簡単な修理であれば、メンテナンス業者で事足りるでしょう。では、それでは直せない深刻な変形などが生じた場合は？　製品メーカーはそんなとき、1番型を作った国内金型メーカーに修理の依頼をします。2番型、3番型を作った海外金型メーカーに、ではありません。なぜなら、彼らは与えられた型をコピーしただけで、設計の意図や技術的なポイントなどをほとんど理解していないからです。

なんて図々しい、と思う人もいるかもしれません。しかし現実として、これが製品メーカーと金型メーカーとの関係なのです。それでも顧客との関係を続けるために、こうしたシチュエーションで多くの国内金型メーカーは、価格交渉もままならないなか、修理の仕事を気持ちよく引き受けざるを得ないのです。「士農工商プラ金型」の意味が、少し分かってもらえたのではないでしょうか。

私はこのことを思うたび、切なく、もどかしい気持ちで胸が一杯になります。

理由5　技術の流出が止まらない

このように金型自身の複製作業が海外に流れてしまうことで生じる問題は、単に国内金型メーカーの売上を脅かすだけにとどまりません。

海外の金型メーカーは、こうした仕事を通して、日本の金型の技術を労せずして学ぶことができます。つまり、技術流出が加速し、海外勢の競争力が高まっていくのです。

問題は金型自身の形状やその設計図には、知的財産権が認められていないということにもあります。金型メーカーが製作した金型は納品先の製品メーカーのもの。そこにどんな画期的なアイデアやうまい工夫が盛り込まれていようと、それを法律的に保護する術はありません。製品メーカーは受け取った金型を自社の資産として、煮るなり焼くなり好きなように扱えます。日本の中小企業が培ってきた知恵やノウハウは、こうしてタダで国外にばらまかれているのです。

といっても、先に述べたように製品メーカーの担当者には、きっと悪意も危機感もないのだろうと思います。それは製品メーカーの立場でコスト削減を考えた結果、自然と生まれた選択であり、前の担当者がそのようにしていたから自分もそのようにする、というだけの話に過ぎないだろうからです。

ただここで厄介なのは、日本では金型の進化とともに、金型を作る工作機械もまた高度に進化してしまっていることです。

海外の金型メーカーは、最新の金型用工作機械を日本から購入してしまえば、原則、日本の金型メーカーと同じような高い精度の仕事をすることが可能となります。

もちろん、そう簡単にはいかない部分もありますが（第4章で説明します）、1番型の複製を作る、ということであれば、基本的にはなんの苦労もないでしょう。そして、その複製作業を通して得た知識と技術で新たに営業をかけたり、似たような金型を作って売ることが可能になっていくわけです。

見出しには「技術の流出が止まらない」と書きましたが、これはいうなれば大手製品メーカーとの共創関係が失われているということでもあります。

昔なら、大手製品メーカーと金型メーカーには、同志のような関係がありました。ものづくりに本来、上下などないはず。大手製品メーカーの担当者は、情報力や世の中を変えたいという己の情熱から「これを作りたいんだ」と金型メーカーに熱く訴える。それを金型メーカーの職人は意気に感じ、自分の腕が必要とされる喜びを嚙みしめながら、「乗った！」と応える。互いが互いを必要とする対等の関係です。製品メーカーが金型メーカーにお金を払うのは、「ウチではできないことなので、すみませんが、これ（お金）でお願いできますか」と頼む立場だから。それが本来のお金を払い、仕事を頼むという関係のはずなのです。

古き良き昔話といわれてしまえばそのとおりなのかもしれませんが、取引関係がどこもかしこもビジネスライクになってしまったせいで、そんな発注者と受注者にあった血の通った関係はすっかり影が薄くなってしまったように思います。

今の大手メーカーの金型担当者のなかに、仕事を依頼している金型メーカーがどんな部分で苦労したり、頭をひねったりしているのか、興味を抱いて詳しく語れる人がどれほどいるでしょう。発注したら納期に合わせて製品（金型）が届いて当たり前。金型メーカーは仕事をもらう立場なのだから、こちらの要求をなんとかクリアしようと知恵を絞って当たり前。そんな意識のほうが、今や普通なのではないでしょうか。

発注側の製品メーカーが、秘伝の技術を持った金型メーカーや金型職人をそんなふうに扱いますから、本人たちも自分の付加価値に気づいていない可能性は高いと思います。親にダメ出しばかりされて育った子供は、自己肯定感が低くなる、という話のようなものです。

価格交渉が決裂しそうなとき、「その金額ではウチは無理なので、ほかの金型メーカーに頼んでみたらいかがですか?」と一度、試しに言ってみればいいのにと、時々思います。恐らく担当者はかなり困ってしまうのではないでしょうか。

例えば、1番型を納品した後、いつの間に作られた2番型、3番型の修理の仕事が結局、自分の所に戻ってくるということは、海外の金型メーカーに安くやらせることができない＝日本の技術でないと無理という事実を表しています。そういう交渉の機微を意識するだけで、商機は少なからず変わってくるのではないでしょうか。

でもそこで、日本の金型メーカーは、つい金型の受注価格に比して過剰に頑張ってしまう。すると、発注側の製品メーカー側ではそれが基準になってしまいます。結果、金型製作の苦労が軽視されがちな空気が醸成されてしまっている。そのままハードルだけが上がっていくという悪循環の構図が、近年ますます鮮明になってきているのではないかと思います。

理由6　金型職人は人が好い

ここまで読んでもらえればもうお気づきでしょう。金型メーカーの職人は、多くがとてもまっすぐな人たちなのです。

営業活動や製品メーカーとの交渉が苦手なのも、金型職人にはそういう気質の人が集まりやすいからではないか、という気がします。次章でも触れたいと思いますが、金型の職人には口下手で求道的、ずっと金型のことを考えていたい、というふうに見える人がとても多いのです。

でも、先ほどの話でいえば、1番型を納品した顧客が海外勢に作らせた2番型、3番型の修理を自分のところに依頼してきたら、その都度、価格について相談をしたって構わないはずです。

ところが、なかなかそれが難しい。私の知る中には、30年前に納品した金型をまだ使っているという昔の顧客から修理の依頼が来たので、資料置き場を漁って紙の設計図を探し出し、なんとか対応してあげた、という金型メーカーもあるくらいです。

そんな昔の設計図であれば、もはやなくなっていても、誰も責めることはないでしょう。「もう設計図はありませんでした。新しい金型を製作しましょうか？」というオファーも可能なような気がします。聞けば、そのメーカーが最後に金型製作を依頼してきたのは、10年前くらい、とのことでした。新しく関係を仕切り直しても、なんら問題なさそうな気もします。

でも、そうはしないし、できない。

そうしない理由には、職人としての強い責任感があるのだろうと思います。自分が作った金型ならば、最後まで面倒を見なければ、という気持ちです。

そして、そうできない理由には、金型の修理を引き受けることは、それ自体、数少ない重要な営業手段である、という事情があるからでしょう。「見込み顧客なら星の数ほどいる」とばかりに、数打ちゃ当たる方式で営業をかけられる業界なら別ですが、先にも書いたとおり、金型メーカーは、技術力や実績を売り込む手段が非常に限られています。そんなかなか、声をかけてくれる製品メーカーは貴重です。できる限り実直に対応することが、金型メーカーとしては、どうしても最適解になってしまうのです。

加えて、金型職人が価格交渉で苦手なのには、別のやむを得ない事情もあると思います。これも次章で触れますが、金型を作る能力や工程というのは、リストにして書き出すのが難しく、値段を付けづらいという側面があるからです。

普通、顧客から注文を受けた企業は、その代金として請求する金額の内訳を見積書にして、顧客に提示します。内容は業種によりますが、物を売る企業なら商品と単価、それに個数を表にして、「最終的にいくらになります」と示し、それをベースに価格交渉などを行います。

サービスを提供していたり、コンサルティング会社のように解決方法の考案や指導でお金を取っている会社なら、その内容を切り分けて、一つひとつに値段を付けていきます。例えば、打ち合わせに一度出向いたらいくら、2時間の相談に乗ったらいくら、社員研修を開いたらいくら、といった具合です。もちろん、いちいち計上していたら金額が大きくなり過ぎてしまうので、それらのサービスを「一式」として見積もりを提示する場合もあります。

ただ、そういうときは、金額はあまり大きなものにならないのが普通です。

例えば、もし「コンサルティングサービス　1カ月　一式300万円」と見積もりが提示されたとしても、その中身がなんなのか分からなければ、この金額が妥当かどうか、顧客には判断できないからです。結局、「内訳はなんですか？」という話になり、レクチャーが何回でいくら、資料代がいくらなどと、ある程度、顧客に金額の意味が分かるようにしてあげる必要が生じてきます。

この点、金型を製作する仕事では、見積もりにすることが意外と難しいのです。製品の設計図を見て腕の良い職人なら、「型はこんな形になるな」とか「こんなふうに作ればできるかな」と瞬時にある程度、目星がつくものですが、その知恵はいったいいくらとカウントすればよいのか。

腕の良い金型メーカーとそうでもない金型メーカーで、工程に大きな違いがあるわけではありません。しかも、「良い金型かどうか」は、その金型が納品され、部品が作られ、組み立てが始まって初めて分かる。

そんなわけで、どうしても金型製作の仕事では、「これなら50万円くらいでできるかな?」などと、どんぶり勘定にならざるを得ない一面があるのです。実際に取りかかってみると、必要な素材が意外と高価で赤字になりそう、みたいな事態もありますが、そんなとき、金型職人は顧客に泣きついたりはしません。判断ミスは職人の沽券《こけん》に関わると、飲み込んでしまうようなタイプの人たちなのです。こういうとき、上手に顧客に状況を伝えて価格の再交渉に持ち込める人もいるかと思いますが、私が見てきた限りでは、金型業界にはそういう人は滅多にいないように思います。

理由7　現場の高齢化が進んでいる

確かに、製造業の現場では高齢化が進んでいます。しかし、少なくとも金型メーカーの生き残り策ということに関していえば、それ以外の切り口で、まだまだできることはあるように思います。

その意味で、「高齢化による存続の危機」は、最後に挙げるべき理由ではないかと思います。

金型の工場には、50年選手（つまり70歳前後）の職人がいまだに現役で活躍しているというシーンも珍しくなく、一番の若手が40代、50代ということもよくあります。手が汚れる仕事であることには違いがないので、若い人には敬遠されがちな部分は確かにあるのでしょう。

ただそんななか、一部の成功している金型メーカーでは、毎年新卒採用を行っているところもありますから、金型の仕事に興味を感じる若者がいることもまた事実です。金型について学べる専門学校や大学の学部もわずかではありますが、増えてきています。今後、知識や技術の準備をある程度終えた若い人が業界に入ってきてくれる数が増えていくことは、ある程度期待してよいのではないかと思います。

したがって、それに備えて、いかに若い人にも楽しい現場を作れるかは、金型業界としては大事なことになってくるような気がします。

そこで気になるのは、実際の現場では金型製作において品質を高める知恵やコツをマニュアル化するのは非常に難しいということ。だからといって、金型製作を高度に分業化してしまうと、繊細な感性や微妙なテクニックなどが失われてしまう心配があります。もし工場が効率よく動くことを最優先に考え、一人ひとりが担当する仕事領域を細かく分けすぎてしまうと、「先を見通して金型を作る」という職人的センスが継承されることなく、衰退していってしまう懸念があるのです。

それでは中国をはじめとする海外勢と同じような仕事しかできない現場が日本に誕生するだけです。職人が消え、パソコンや工作機械のオペレーターのような作業員しかいない金型工場なら、それこそ「安い海外のほうがいい」という話になってしまうでしょう。

以上、大きく7つのトピックに分け、金型業界の存続と成長を脅かす理由について考えてみました。その解決策について、どれも製造業界全体、そして日本経済全体の課題として考えていかなければならないことでもあります。私は金型業界を知る一人として、読者の皆さんに問題提起ができたことで、まずはよしとしたいと思います。

次章では、もう少し金型に関わる人の側面に近寄り、「金型職人」という存在について、解説していきましょう。

［第4章］

金型職人は腕一本で勝負する！
「金型を作る人」ってどんな人？

金型はどうやって作られる？

ここまではおもに金型「業界」について解説をしてきましたが、ここからは金型にまつわる「人」によりスポットを当てていきます。

金型を作るのは金型職人です。

彼らは普段、どんなふうに仕事をしているのでしょう。金型職人が持っている独自の能力とは、いったいなんなのでしょう。腕の良い職人とは、いったいどんな強みを持った人のことをいうのでしょう。

本章では、金型製作の工程をたどりながら、金型職人ならではの異能について紹介していきます。

金型製作は、大まかには、次のような流れで進められていきます。

①金型製作の依頼を受ける

↓
②金型の仕様と製作方法の決定
↓
③金型の設計図の作成／材料の調達
↓
④機械による加工
↓
⑤確認・仕上げ・組み立て
↓
⑥試し加工・調整
↓
⑦納品

①金型製作の依頼を受ける

金型製作の依頼とは、大手製品メーカーや部品メーカーから、「こんなものを作ってほしい」と依頼を受けることです。発注側の企業が提示する発注書類には、通常、必要な部品自体の設計や仕様が書かれています。さらに、スケジュールや発注額についても具体的な指定が示されている場合もあります。

②金型の仕様と製作方法の決定

次に、発注者から提供された情報を基に、どのような方法で金型を作るのかを検討します。

この際、⑴材料となる鋼材を切削加工によって金型にするのか、⑵放電加工によって金型にするのか、そして、⑶金型の表面を砥石などできれいに磨く研削加工が必要かどうかで大きな判断が分かれます。

切削加工についてはすでに説明したとおり、ドリルを用いて鋼材を削り、希望の形にしていく方法です。

放電加工とは、電気の熱を利用して金型を溶かす鋼材の加工方法です。切削加工よりも時間はかかりますが、精密な加工が可能なため、例えば非常に細い穴を開けたいとか、穴がたくさん並ぶので鋼材の破損を避けたいとか、細密な凹凸によって製品の表面に質感を出したいなどの希望がある場合、放電加工が選択されることが多いです。ドリルで鋼材を削る場合、摩擦で熱が発生しますが、放電加工ではそれがないので素材の変形が起こりにくいのも特長。より表面を滑らかに加工できるので、バリも発生しにくいです。

切削加工にはドリルが必要ですが硬いドリルや細いドリルは高いので、「ゆっくりでもいいから精密に、コストを抑えめで製作したい」という場合は、放電加工が好まれるでしょう。

研削加工は、表面を滑らかに磨き上げる加工です。研磨盤や研磨機と呼ばれる機械に砥石や研磨剤をセットして行う場合もありますが、職人が手ずから砥石で擦って磨き上げることも少なくありません。

③金型の設計図の作成／材料の調達

大まかな製作の方針が決まったら、金型の設計図の作成に入ります。

発注者から預かった設計図には、部品の寸法が書かれていますが、金型職人は「この形を生む型はどのような形になるか」を考えなければなりません。

発注者の設計図は「完成図」。金型メーカーは、その資料を基に金型の設計図を作成します。簡単にいえば、製品の膨らんでいる箇所は金型ではへこんでいるように、製品のへこんでいる部分は金型では膨らんでいるように。つまり、金型に囲まれた空洞部分に製品の形が生まれるように、設計をしていきます。

この「製品と逆の形を思い描く」のには独特の頭の使い方がいるのですが、現在は通常、三次元の設計をパソコンで支援するＣＡＤアプリケーションが用いられるため、そこまで高いイメージ能力が要求されることはありません。昔ながらの金型職人はパソコンの支援がなくても型の形を思い描けるものですが、これも一種の職人芸といえるでしょう。

このように、製品のすべて逆をいく形を作らなければならないところには、ほかにも意外な難しさが潜んでいる場合もあります。製品の形としては自然で無理のないものに見えても、その型を作るとなると途端に複雑になったり、強度に懸念が生じたりすることもあるのです。

例えば、プラモデルパーツのような複雑な三次元形状をイメージしてください。彫刻のように目的の形を「残していく」加工であれば、さほど難しくはないかもしれません。しかし、それでもパーツが壊れないように最新の注意を払う必要があるでしょう。

これを金型にしようと思ったら、もっと大変です。前後に金型が分かれるような作りにするとしても、鋼材を深く削ったり浅く削ったり、金型の分かれ目が重要な部分と重ならないようにするなど、さまざまな配慮が必要です。

各部の強度に不安があるならば、それぞれを別の部品として作り、組み上げて一つの金型にするような算段をすることもあります。例えば、携帯ゲーム機の筐体《きょうたい》のように間仕切りの多いプラスチック金型は、その典型です。一つの鋼材の固まりから一発で金型を作ることができないので、細かく分けて型を作り、あとで一つの金型として組み上げるのです。

この場合、金型全体を構成する部品一つひとつの設計図を作る必要もあります。

複雑な形をきれいに作るだけでも、相当な知恵と経験が必要なのです。

日本のフィギュアやプラモデルなどのホビー商品はクオリティが高いことで世界的にも有名ですが、それも金型技術があるからこそ。例えば、ガンダムのプラモデルは、関節を動かしたり武器を付けたり外したりして、さまざまなポーズで飾ることができます。自動車のスケールモデルも運転席をはじめとする内装はもちろん、エンジン部分や下面といった、飾ったら見えない部分までしっかり再現されていて驚くばかりです。多くの人は「メーカーのこだわり」に舌を巻きますが、私は金型職人の腕前とプライドに感服します。

複雑な問題をシンプルに解決するのが「腕」

型から製品を取り出す際、型をどのように割ることにするのかを決める部分でも、職人の腕が問われてきます。

例えばオートバイや車に使われるタイヤは、どのように金型を割って製品を取り出しているか、想像がつくでしょうか。

鯛焼きのように溶けた樹脂を上下から金型で挟み、冷えて固まったらパカッと蓋を開け、

クエストにどのように応じるか。例えば機能を保ったまま二つの隣り合う部品を一つにしたいという場合、たいてい、一つになった部品は以前よりも複雑な形状になります。しかしだからといって、金型からその部品を取り出す工程がいくつにも増え、新しく高額な成形機械を利用しなければならないようだと、コスト削減をねらった意味がありません。

製品メーカーの設計には、デザイン優先の野心的なものも多くあります。普通に考えたら、「どうやって金型を作るの？」と逆に聞きたくなるような依頼もしばしばあるでしょう。第1章で紹介した携帯ゲーム機の筐体《きょうたい》などはその典型です。この世に前例がない製品を作りたいというのが製品メーカーの野望です。技術のある金型メーカーは、それにとことん付き合うのです。

このように、メーカーの無理難題を解決する設計力や発想力こそ、金型職人の真骨頂の一つなのです。

ですが第3章で触れたように、こうした能力（脳力）には、自分からは値段が非常に付けづらい、ということもなんとなく分かってもらえるのではないでしょうか。

自分には簡単なことでも、ほかの金型職人には難しいかもしれない。しかし金型メーカーには守秘義務があることで、他社が何をやっているのかほとんど分からない。情報交換の機会もない。

結果、強気の価格に出づらくて、交渉では後手に回りがちになってしまう部分があるわけです。

このように設計をしていく過程で、並行して必要な鋼材も調達していきます。

④機械による加工

設計図を基に、鋼材の加工に入ります。ＣＡＤアプリケーションで作成したデータを加工機に送ることで加工機の動作は定義されますから、あとは加工機をスタートさせれば、加工作業は自動的に始まり、自動的に終わります。

ただし、設計ミスや加工機の動作設定にミスがあると、最悪、調達した金型用の素材がムダになってしまう場合があります。切削加工で使われるドリルは、硬度や太さでさまざま種類がありますが、選択を間違えて硬度の低い（柔らかい）ドリルを使ったり、回転が高速過ぎたりすると、刃が折れてこれもムダになってしまう場合があります。

ドリルはだいたい、鉛筆の3分の1くらいの長さで小さなものですが、金型と触れ合う最重要のポイント。1本数万円が当たり前ですから、失敗が繰り返されるとかなりの損失になってしまいます。従業員が数名の小さな金型メーカーでも、このドリル代だけで月100万円はかかる、という話は珍しくありません。在庫を持たないビジネスですが、意外とランニングコストはかかるため、機械の設定のコツを熟知していて、加工の段階で大きな失敗は決してしないことも、金型職人の〝腕〟の一部なのです。

といっても、近年は加工機の性能が上がり、ドリルが折れそうな危険が生じたときは、動作が止まるような仕様に進化しました。ですが油断はできませんし、事故がなくても作業が止まって設計のやり直しになれば、時間や手間のロスになることには変わりがありません。

加工機もまた非常に高額で、例えば、多くの金型工場で見られる通常タイプの切削加工機でも3000万円くらいはします。多くの場合、金型メーカーは銀行などの金融機関から融資を受けて購入していますから、返済して儲けを出すには、加工機にどんどん働いて稼いでもらわなければなりません。

加工機が動いておらず遊んでいる状態は、1時間でも減らす必要があります。複数の仕事を並行して行っている場合、設計作業と加工作業の段取りを上手に組むことも、経営的には重要な課題です。

⑤確認・仕上げ・組み立て

金型の加工が終わったら、機械から取り出し確認をします。

表面の研磨は、この段階で手作業で行う場合も多いです。金型の表面をツルツルピカピカに仕上げることを鏡面加工といいますが、最後は人間の目と手を使わなければ、完璧な仕上がりにはならないのです。鏡面加工が施された金型で部品を成形すると、その部分はツルツルに仕上がります。最もハイクオリティな鏡面加工は、プラスティックでできたCDケースや、意外なところではピアノの鍵盤などに見ることができます。

本当の職人は、指先で表面をなでることで、加工が足りているかどうか分かるといいます。

よく磨かれた金型を特別に触らせてもらうことがありますが、私などは「きれいによく磨かれていますね。ツルツルですよ」としか思いません。しかし、ベテランの職人は首を横に振り、「まだ足りない。あとで3000番で磨くんだ」とかいうのです。

3000番とは、砥石の目の粗さのこと。金属の表面クリーニングに使われる極細目の中でも目が細かい部類です。日曜大工では600番でも十分細かいほうです。私の指先では、目の粗さの違いは分かっていても、800番くらいまでしか感知できません。

それが彼らは「3000番で磨かないと足りない」と指先で判断できるのですから、驚くべき感覚です。

さらに、金型職人の指先は、歪みを感じるセンサーとしても驚異的です。

腕の良い大工や溶接工は、材料となる木材や鉄骨を指先で軽くなでるだけで、たわみや膨らみにミリ単位で気づくといいます。例えば、机の表面をなでてみて、その素材が水平かどうか、皆さんには分かるでしょうか。大工や溶接工は、「ここが凹んでる」とか「盛り上がっている」と指先で見つけることができます。

これでも十分、驚愕に値しますが、本物の金型職人はケタが違います。

加工が終わった金型を指先でなでることで、ミクロン単位の歪みを見つけてしまうのです。ちなみに前にも書きましたが、1ミクロンとは1000分の1ミリのことです。

私がそれを目撃したのは、とある職人が自分の金型を指先でなでてチェックしているときでした。珍しくない光景ではありましたが、そのときはちょっとイタズラ心もあってこう尋ねてみたのです。

「いつも思うんだけどさ、そんなこととして、何か分かるの？」

返ってきた答えは、こうでした。

「うん。この辺がちょっと歪んでる」

「嘘。完璧に平らに見えるけど」

「ううん。測ってみる？」

金型メーカーには精巧な長さ、重さの測定器がありますから、それを借りることにしました。

すると確かに、職人が示した箇所は寸法がミクロン単位で違うのです。

言葉も出ないとはこのことですが、周りのほかの職人は驚きもしません。その金型メーカーでは最もベテランの職人だったこともあり、「この人ならそういうこともあるよね」程度の認識なのでしょう。

しかし、金型を長年作り続けることで、そこまで人間離れした境地に行き着くとは、すごいを通り越してコワいくらいです。

では、このような歪みはどのように修正すればよいのでしょうか。もはや機械で対応できる領域ではありませんから、人間がやるしかありません。そこで例えば、手製の木槌やヘッドが銅でできた金槌を使ってコンコンと叩いたり、非常に目の細かい砥石を使って削ったりして調整をかけていくのです。

ちなみに、私が見せてもらったその金槌は、職人のお手製でした。市販の金槌ではヘッドの素材が硬過ぎて金型を傷めるし、ハンドルの握り心地も手になじまない。重心の位置も気に入らないので、自分で作ったとのことでした。もう何十年も使い続けているのでしょう。ヘッドは作った当時の長さの半分くらいにまで潰れてしまったように私には見えました。

結局、金型製作では最高精度の加工は人間に頼るしかないのです。

そこで、金型職人は多くの場合、自分専用の道具を自分で作って使うわけです。それは、最後に信じられるのが自分の感覚であり、自分で作った道具だからです。

加工機械などでは最新の技術を駆使しながら、超繊細な指先の感覚と手作りの道具を頼りに完成まで持っていく。

金型職人、恐るべし、です。

その職人本人にしか分からないに違いないのだから、見なかったことにして納品してしまっても、誰も困らないはず。しかしそれをしないのが金型職人です。仕事において、よくも悪くも手が抜けない人たちです。

事実、金型業者の怠慢で製品に不良品騒ぎが起きたという話は、聞いたことがありません。

自動車などの大量リコールが発生してニュースになることがありますが、その原因はほとんどが設計ミス。原因をたどったら金型メーカーが納品した金型に不備があった、というケースは聞いたことがありません。

リーマン・ショックを経て、今も生き残っている金型メーカーと金型職人は、少なくとも仕事の腕は間違いなく確かなはずだと思います。

第2章で「良い金型」の条件について解説しましたが、このように、本物の職人はミクロン単位で金型の不具合（とはもはやいえませんが）が分かります。よって金型の部品同士を組み上げたときも、文字どおりすき間なくぴったりとくっつき、バリが生まれるすき間がありません。金型で作られた部品もまた非常に精度が高く、部品同士で組み立てやすいものになるのです。

⑥試し加工・調整

試し加工とは、製作した金型を実際に使って、製品を作ってみることです。その結果がイマイチな場合は、金型を微調整し、また試し加工を繰り返します。試し加工は、生産ラインで実際に使われる機械に金型を取り付けて行いますから、この段階で発注した製品メーカーのチェックを受けることになります。

⑦納品

試し加工と調整を繰り返し、問題がない状態となったら金型を納品し、その仕事は完了となります。

十数名からの従業員を擁していれば、金型メーカーとしては大所帯といえるでしょう。そういう金型メーカーでは、設計、加工、仕上げの工程を分担制にしているところも珍しくありません。設計担当者は営業担当者から発注者の書類を受け取り、ずっとパソコンの前で設計作業を、加工担当は設計室から回ってきた情報に基づき加工機械の操作を、研磨や組み立ての担当は仕様書を確認しながらチェックや調整と組み立てを、といった具合です。

効率よく一定のクオリティの金型を製作し続けるには、これは便利な体制といえるでしょう。分業こそ組織の妙であるという人もいるくらいですし、実際、世界中の企業組織は分業することで各従業員の専門性を高め、総合的なパフォーマンスを上げようと努力しているわけです。

しかし、金型におけるハイパフォーマンスとは何かを考えると、安易な分業化は危険かもしれないという思いもあります。

加工しやすいように設計する。あるいは設計の意図を加工で存分に活かす。細かなニュアンスの部分でこれを一人の職人が着実に行ってきたことで、日本の金型は高度に進化したのです。もしすべての金型メーカーが分業制を採用したら、そうした機微が失われ、間違いなく日本が作れる金型の品質は低下するでしょう。工程と工程をつなぐ知恵が失われていってしまうからです。

分業制の効率をとるか。高精度の職人仕事をとるか。一概にどちらが良いとは言い切れないですが、どちらもそれぞれの道で進化を続けていってほしいものです。

金型職人〝あるある〟

金型職人の仕事の内容は、詳しく説明し始めるとキリがないのですが、大まかなところはここまででお分かりいただけたでしょうか。

昭和の雰囲気がいまだ残るイメージもある仕事ですが、同時に、最先端の製品作りに常に関わっている現場でもあります。職人たちは、最新の工作機械と自分の指先という両極端のツールを毎日駆使して仕事に取り組んでいます。

そして、ほとんど誰もが金型に対し、実に真摯で仕事で嘘がつけません。

彼らは、金型に関してはとても発想力が豊かで確かな技術も持っています。大メーカーのシビアな要求にも堂々と応える実力があるのに、その勢いで事業や会社を飛躍的に成長させようとか、経営を多角化して手を広げていこうとはあまり考えません。

もちろん、その金型メーカーの技術に可能性を感じて、今までに経験したことのない分野の製品メーカーから仕事の声がかかることはありますが、そうした事業の展開はまるでなりゆき任せ。お金儲けがしたいとか、出世したいとか、まったく新しい挑戦をして注目を集めたいとか、そういう野心はほとんどないようなのです。

スポーツ選手に例えるなら、金型職人とは多くがサッカーの三浦知良選手や野球のイチロー選手のような気質なのだと思います。近年のスポーツ選手にはサッカーの本田圭佑選手のように、本業以外のさまざまな分野に好奇心を発揮して、精力的に活動している人もいます。

性格や資質がそれを可能にしているのだと思いますが、金型職人はそうではなく、ひたすら自分の本業をストイックに突き詰め続けている。そういう性格の人たちに向いている業界であり、そういう性格の人たちが育ててきた業界であるといえるでしょう。全方位的に情報感度を高くしていることが求められるような「現代人らしさ」に比べると、金型職人たちのありようは、随分かけ離れているように見えるかもしれません。

そういう彼らが最先端の製品を支えているというのは、実に不思議なことなのですが。

息抜きも兼ねて、そんな金型職人の〝生態〟をもっとよく知っていただくため、私から見た彼ら金型職人たちの〝あるある〟をいくつか紹介しましょう。

・手にしたモノは必ずバリを探す

ここまで読んだ方なら、すべての金型職人がこのような〝職業病〟を持っていることについて、もう不思議には思わないでしょう。

常に高いクオリティを要求されていますから、金型職人たちの頭の中はいつも金型で一杯です。変わった形のモノを見かけたら手に取らずにはいられないし、金型の継ぎ目を探さずにはおれません。

バリが見つかれば、金型の形が想像できるので職人もひと安心です。「ああ、こうやって作ってるのね」と納得し、心を落ちつけます。

モノを見たら、その金型を想像するという思考の癖が染みついてしまっているのです。それは常にパズルをしているような感覚なのかもしれません。

少し格好をつけるなら、物事の見えない部分に思いを馳せずにはいられない。金型職人とは、そういう性《さが》を持った人なのだといえるでしょう。

ただ時には、どういう金型で作られたのか想像もできない製品に巡り会うこともあります。手に持った何かを上下左右からじっくりと見て、「どうやって形にするんだ、これ……？」と呟いている人がいたら、その人はきっと金型職人です。

呟きのバリエーションには、非常に精工で複雑な製品を前に「よく形にしたな……」という感嘆のため息もあります。

・100円ショップでは目利きである

100円ショップには、実にさまざまな日用品が売られています。店内を見回って、「こんな良いものが100円か!」と驚くことは、私にもよくあります。

当然、そこに並ぶ製品のほとんどが金型で生産されています。例えばボールペンなら、一度の型取りで何個も同じ部品が取れる金型を作るなどして、大量生産の効果をさらに高めています。

もちろん金型製作は、海外の安い金型メーカーに積極的に発注されているはずです。しかし、すべての仕事を海外に出せるわけではありません。事情はさまざまあるでしょうが、100円ショップの店内には、「海外製の金型製品」と「日本製の金型製品」が混在しているのです。

100円ショップの商品には「買って得するもの」と「損するものがある」と、ネットなどで話題になることがあります。商品によって、「100円の割に丈夫で長持ちする」

とか「すぐに壊れて100円分も使えなかった」というものがあるわけです。

その違いはなんでしょう。

もういうまでもないと思いますが、一つの決め手は、その商品の金型が日本製なのか、海外製なのか。

100円ショップでも前者の製品なら〝当たり〟というわけです。

ただ、素人目にはその区別は難しい場合もあるでしょう。知り合いに金型職人がいるなら(!)ぜひついてきてもらい、意見を聞きたいところです。品質的にお買い得の100円商品を、きっと教えてもらえることでしょう。

・時間がないときは仕事の話を振ってはいけない

私が知る金型メーカーに、「鉄についてなら永遠に話し続けることができる」という人がいます。メンテナンスの仕事で立ち寄った際、「時間があれば軽く一杯……」ということもあるのですが、仕事が終わって、酒がきて、つまみがきても、その人はずっと「鉄の話」をしています。

金型業界でいう〝鉄〟とは、元素記号Ｆｅの、いわゆる鉄のことではありません。金型製作に使用されるさまざまな鋼材を総称して〝鉄〟といいます。

鋼材の主成分は多くの場合、Ｆｅの鉄ですが、鉄を鋼にするとき必要な炭素のほか、クロム、モリブデン、硫黄といった元素を混ぜ込むことで、硬さはもちろん、熱や摩擦への耐性が変わり、加工のしやすさや型としての寿命が変わってきます。

ほかにも、アルミ、亜鉛、銅、ニッケルなどを主成分とした〝鉄〟もあり、素材技術は日進月歩ですから、話題には事欠きません。その人はそんな〝鉄〟について、心から楽しそうに、延々と語り続けるのです。自分の工場で何を実験してみたとか、何を試したらどうなったとか、時に細かくデータに整理して、私にメールで送ってくれることもあります。

ここまで仕事を愛している人を、私はほかに知りません。対面で話しているときは、わざと家族のことや休暇の過ごし方など別の話題を振ってみるのですが、すぐに「鉄の話」に戻ってしまいます。

金型職人には口下手な人が多い印象ですが、日々、心を込めて工夫を重ねていることを知ってほしいと、きっと誰しも思っているはず。だけどそれを話す機会がない、というのが本当のところではないでしょうか。

発注担当者に熱く語って引き留めるわけにはいかないし、職場の仲間と熱く語り合うのも何か違う。かといって、家族や友人に話すものでもない。そもそもよく知られていない業界なので、仕事の思い（グチを含めて）を聞いてもらうためには、「金型とは何か？」を説明しなければならないからです。

だからこそ時間があるときは、腰を据えてしっかり話を聞くことにすると、相当興味深いものづくりの裏話が出てくること請け合いです。ただし、本題にたどり着くまでに相当の時間を覚悟しなければなりませんが。

ということで、金型について私は広く人々に理解を深めてほしいと願いつつ、「時間がないときは、金型職人に仕事の話を真面目に尋ねちゃいけないよ」と、皆さんにアドバイスをせざるを得ないのです。

・「仕事はなんですか？」と聞かれると「製造業」とゴマかす

「お仕事は？」と聞かれたとき、答えに窮したことのない金型職人はいないでしょう。

金型は見えません。一般向けメディアでもほとんど取り上げられませんから、金型職人の仕事など、普通の人は想像のしようもありません。中小製造業の人たちが活躍するドラマが最近、よく注目されますが、金型メーカーの現場が舞台になる望みは、かなり薄いと言わざるを得ません。

そんなマイナーな業界について、共感を得られそうな手掛かりがまったくないまま、畑違いの人に説明するのは自分が苦労するだけです。「金型ってなんですか？」とか「その仕事の何がすごいの？」とか聞かれたら、私が第1章で試みたような説明をイチからしなければならないのですから。

多くの場合、「お仕事は？」という質問は、その先で会話を広げるためのとっかかりに過ぎません。せめて、二言、三言で説明し終えることができなければ、相手は飽きてしまいます。

それを1分、2分と語っても、聞くふりをされるのがオチ。頑張って話したあとで、「へー、すごいですね」と気のない相槌を打たれるのは、ツラいだけです。

そんなわけで、金型職人たちは「お仕事はなんですか？」と聞かれると、「うーん、まあ、製造業ですかね」などとふんわり答えます。

この「うーん、まあ」の部分に（どうしよう、金型って言おうか？　いや、やっぱり辞めておこう）という逡巡《しゅんじゅん》が表れているわけです。もしあなたが初対面の人に「お仕事は？」と尋ねてこんな答えが返ってきたら、「もしかして、金型ですか？」と逆に質問をしてみてください。

金型業者の従業員は約8万人。これは、出版業に従事する人（約5万3０００人）の1・5倍、レンタカー店で働く人（約3万9０００人）の2倍以上（「平成30年　特定サービス産業実態調査報告書」経済産業省より）。

決して多くはないですが、けっこういるのです。

・月曜日の午前中は研磨が苦手

「月曜の朝は調子が出ない」という声を、金型職人から聞くことがあります。

特に研磨の仕事で体がノリづらいみたいですが、どうやら土日の2日間、仕事を休むことで感覚が鈍ってしまうことが原因のようです。

ミクロン単位の違いを肌で感じられる人たちですから、そういうこともあるのでしょう。私には感覚し得ない世界ですが、まるでプロのアスリートのような言葉です。もちろん、昼ごろになれば調子を取り戻してくるようですが。

2日間、金型や道具をいじっていないだけで、〝ヘタ〟になってしまうほど、金型の職人芸は繊細なのです。

腕さえあれば世界を回れて、意外と儲かる

金型職人のすごいところも、ちょっと切ないところもご紹介させてもらいました。

金型職人の皆さんは、私には見えも感じられもしない領域で日々、勝負をしている人たちですから、私は驚きとともに常に尊敬を感じています。製造業全体ではつい弱い立場になりがちなので、仕事ぶりの価値に見合った扱いをもっと受けてほしいとも思っているのですが。

ただ、私の話を通してもし「金型の仕事は儲からない」というイメージを抱いてしまったのだとしたら、そこは誤解のないようにはっきり訂正しておきたいと思います。

もちろん職人の世界ですから腕次第の面はありますが、それはスーツを来て働くような業界でも同じでしょう。努力を怠り成長のない人は、どんな世界でも高い給料をもらうことはできません。

その点、金型の仕事は確かな腕さえあれば、製品メーカーが離しません。というのも製品メーカーには、引き取った高精度の金型を修理できる人がいないからです。大手製品メーカーと良好な関係を保ち続けている金型メーカーであれば、そこで十分安定した生活を送ることは可能だと思います。

しかも現場でCADや工作機械の使い方をしっかり学んでおけば、別のものづくり系の企業への転職もできます。多くの金型職人は金型メーカー以外の製造業者に転職しても、物足りなくてやがて金型業界に戻ってきてしまうようですが……。

「日本の金型の技術を身に付けている」は、世界でトップレベルの金型職人であることを意味します。巡り合わせによっては、海外へ金型を教えに行ったり、工場立ち上げの手伝いをしたりといった、日本を飛び出す仕事へのチャンスも開かれています。

そして、こうした事情は、金型メンテナンスの業界も同様です。

金型のメンテナンスは、必要な機材（特に溶接機）を購入し、その使い方をマスターしてしまえば1年経たずに開業できます。私の会社の金型溶接機は、２００万～３００万円というところでしょうか。メンテナンス技術は、半年もあれば叩き込むことができますから、例えば40代からの脱サラ開業も十分可能です。

小さな倉庫くらいのスペースに環境を整えておけば、やがてそこに金型とともにメンテナンスの依頼がきます。日々それに対応していくなかで、顧客をつかんでいくのです。金型の修理は定期的に発生するものですから、一定数顧客を得られれば、もう安泰です。

実際、私のもとで金型メンテナンスを学んで〝卒業〟した男性に、金型メンテナンスの仕事で、二人の子供の面倒を大学卒業までみられた、という人がいます。長年の素地がなくとも、メンテナンス業ならば、少なくともそのくらいの収入の確保は可能だということです。

金型メンテナンスの仕事で機材とともに世界を回っている人も知っています。金型はメンテナンス機器の性能も日本が一番なので、それを扱える日本人は世界各地で重宝されるのです。

金型業界で技術を身に付ければ、大金持ちになることはできないかもしれませんが、一生、技術で感謝されながら生きていく道を歩むことはできます。自分の腕を必要とされる喜びを味わえる人生が待っているのです。

［第5章］

機械化が進んでも
金型の仕事はなくならない
時代を超えて生き残る金型職人とは

ＡＩ時代、どんな仕事が残るのか

ＡＩ（人工知能）の発達によってなくなる仕事、残る仕事。あるいは、これから新しく生まれる仕事は何か。

この話題は、あらゆる社会人にとって、大きな関心事だと思います。読者のなかで、これから就職を考えている方なら、最初が肝心です。「将来なくなる業界に飛び込まないようにしないと」と、慎重に検討されているのではないでしょうか。

「ＡＩ　消える仕事」のようなキーワードでネット検索すると、具体的な職業名もいろいろ見つけることができます。上位に出てきたページからざっと拾ってみるだけでも、機械やアプリケーションのオペレーター、事務員、受付係、案内係、不動産管理人、現場の肉体労働者などさまざまです。銀行の融資担当者や保険の審査担当者に、スポーツの審判、測量士、金融機関の分析担当者、弁護士助手（パラリーガル）など、業界的には非常に多岐にわたっています。

ＡＩの実践的な活用が積極的に行われているアメリカでは、税理士・会計士の仕事がＡ

Iに奪われているとか、速報記事はAIが書いているといった、日本の将来を先取りしたような話も聞こえています。弁護士、会計士、行政書士、社会保険労務士といった難関資格を要する仕事がAIに奪われそうという話には、大きな時代の波を感じずにはいられませんが、しかし、このような仕事は、AIが最も得意とする領域であることを考えると、ある意味、必然といえるのかもしれません。というのも、「ルールに則って是か否かの判断を下す」という作業は、AIが最も得意とする仕事だからです。

簡単にいえば、AIの発達により、「機械でもできる単純作業」が高度化しているのだといえるでしょう。かつては、膨大な専門知識を知っていること、それを参照して手続きを行えることには希少価値がありましたが、こうした仕事はAIに任せた方が、という話になってきているのです。

仕事の内容が、より単純な繰り返しに近く、「誰かがいないといけない」程度の仕事ともいえる機械オペレーターや案内係、監視といった仕事が機械に奪われることは想像に難くありません。ポイントは、さらに、今まで「頭の良い人がやる仕事」というイメージだった職業も、近い将来、どんどん消えていくだろう、ということなのです。

では、そんななか、どういう領域であれば、ＡＩに仕事を取って代わられないのでしょうか。

ＡＩにできないこと（あるいは、当分は難しいと思われること）は、発想を飛躍させること、感情に寄り添うこと、リスクを取ること、などといわれています。ＡＩが得意なのは、基本的には大量のデータを分類することや、ずっと同じ基準で判断し続けることであり、例えば、車の自動運転などでＡＩ活用が注目されているのは、より細かく、リアルタイムにそれが行えるようになってきたということに過ぎません。

人の気持ちに共感を示すとか、勇気を出すとか、ひらめきに任せるとか、そうした不合理なことは、ＡＩにとって非常に苦手なことなのです。

ＡＩとはいわないまでも、どんな業界のどんな仕事も、ＩＴによって短縮化や効率化が進められている時代です。だからこそ、人間的な能力や魅力がプロフェッショナルとして生き残るために求められていくのです。

「人間的なものが決め手」と、いわれて仕事の話を例に出されても想像がつかないという人は、ツイッターのようなＳＮＳで話題になるものからヒントを探してみてもよいかもしれません。ツイッターで大量にリツイートされるいわゆる「バズる」投稿は、人々の喜怒哀楽に訴える力を強く持っているとみることもできます。単に「面白いな」ではなくて、「どうしてたくさんの人たちがこの投稿に共感しているのだろう」と考えてみると、今の時代に求められている人の力や感性が見えてくるのではないでしょうか。

単に過激なことを言ったりやったりして注目を集めようとするのは論外ですが、お店でうれしかったサービス、人に言われて泣いたことのような投稿には、大人として、あるいは職業人としてのコミュニケーションのヒントがあります。身の回りのものを使った工作物の写真の投稿などもよく見かけますが、非常に精密であったりクリエイティブであったりと、驚かされる内容も少なくありません。

ＳＮＳを時間つぶしや楽しむ対象としてだけでなく、学ぶ対象としてもとらえてみると、そこから「どんなふうに社会人として成長していきたいか」のヒントもたくさん見つかると思います。

ＡＩは金型職人を駆逐するか

少々前置きが長くなりましたが、ここで考えたかったのは次の問いについてです。

「ＡＩの進化によって、金型を作る仕事は消滅してしまうのだろうか？」

結論からいうと、私の答えは「イエスでありノーである」です。

機械のオペレーターのような仕事がＡＩに取って代わられていく一方、より人間的なサービスを提供できる人は、縮小する業界分野でも生き残っていくことができる。むしろ「ＡＩにできないことができる人」として、地位を上げていくチャンスすら広がっていくのではないかと思います。

それを考えると、「金型を作る仕事」は、消える領域もあれば残る領域もあるだろう、というわけです。

身の回りのものを見渡せば、「簡単に作れそうな金型」と「一筋縄ではいかなそうな金型」が見つかります。

例えば前者は、ごく単純な形をした、手頃なサイズの日用品に使われている部品。今でも素材の鋼材の加工自体は機械が行っているのですから、今後は製品メーカーのデザイナーが設計データを作ってしまえば、自動的に部品の設計図への変換→金型の設計図への変換→金型の加工へと、順次、進んでいくようになるかもしれません。

ごく普通の日用品のための金型に関しては今までに大量の資産がありますから、これらを引用しながらその都度、設計を調整することは、検索・参照環境さえ整えば、恐らく十分可能でしょう。

例えば、使い捨ての日用雑貨品は、新しい商品が出るたびに形が変更されるので、その都度、プラスチック成形のための金型が必要になるのですが、だからといってその実現には高度な知恵とひらめき、そして微細な感覚が必要というものでもありません。今はIT環境が十分進化していないので、人がやらないといけない部分が残っているだけ。もし、デザイナーが作ったデータを金型の加工機に送り込めば、あとはAIが自動的に金型の設計図に変換し、それを基に型が作られ始めるといった環境が整ってしまったらどうでしょう。この手の金型作りの仕事は、一気に人を減らしてもよくなってしまうことになります。設備や作業場の都合で異なる場所が複数必要なため、すべてを自動化することは難しくても、デザイン室→金型の設計室→金型の工作室への道のりをつなぐ人は、ますます専門知識が不要になっていくに違いありません。受け取ったデータを別のアプリケーションに渡すだけ。作られた設計データを工作機械に送るだけ。

そんな、専門の知識がない人でもできるような仕事へと単純化していくことは十分考えられます。

一方、「一筋縄でいかない金型」のほうは、どうでしょうか。

唐突ですが、実はお風呂のバスタブの金型は、この部類に入ります。

日本のバスタブでは、お湯に浸かったときの心地よさは海外の一般的なそれと、クオリティがまったく違います。日本製の浴槽は、ハイグレードなものでなくとも、中が階段状になって座りやすくなっているほか、寄り掛かる側の背当たりがよく、首回りを優しく受け止めてくれるなど、湯船で快適に過ごせるように至れり尽くせりの心配りが施されているからです。

工作において直線を出すのは極端に小さな公差を考えない限り、さほど難しいことではありません。しかし、なめらかな曲線となると、これは時に困難を極めます。

バスタブへのこだわりは入浴を重視するという日本の文化的な意識がもちろん背景にあるからこそといえますが、そこに最先端の人間工学と、それを叶える金型職人のワザが同居していることを見逃すべきではありません。何気ない暮らしの一コマにも、とことん「おもてなし」を追求する姿勢が溢れているのが日本なのです。

アメリカの自動車メーカーが開発している自動運転カーは、ますます高性能になり話題となっています。

その自動運転の技術には目を見張るものがありますが、移動中に運転をしなくて済むということであれば、車内はいっそう居心地の良さが求められていくのではないでしょうか。

カーシェアリングが進むことで、人は車を「持つもの」から「乗るもの」に過ぎないととらえ、モノとしての魅力を自動車にはあまり求めなくなっていくだろう、という指摘があることは知っています。しかし一方、最先端の技術を盛り込んだ高級車が、それを所有するステータスへの魅力も含めて、一定層の人々の心をとらえ続けるであろうことも確実です。

そこで求められるのは「最新技術を使っている」という事実ではありません。結局のところ、トータルの「快適さ」なのです。

2007年、iPhoneが初めて世界にデビューしたとき、「携帯電話に音楽、写真、ネット機能を盛り込んだだけのもの」だったとしたら、ここまで大ヒットして人々の生活を変えたでしょうか。「すごい技術が入っているんです」と、いくら熱弁されても、「かっこよくないものはいらない」と、多くの人はつまらなく思ったはずです。すごい技術が盛り込まれていて、「しかもかっこいい」から、大勢がiPhoneに手を伸ばしたのです。

そういう視点で見ると、さきほどの自動運転カーは確かにすごいのですが、それだけでは商品力として十分とはいえない、と見ることもできます。例えば内装の出来はまだまだで、日本の高級車に比べれば格段に差があります。自動車のコモディティ化（日用品化）が進むなか、高級品へのニーズは相変わらず残り続けるはず。自動運転が当たり前になった世の中でも、至高の空間を車内に持ちたいという人は一定数、居続けるはずです。

自動車に限らず、どんな製品にもこだわりを持った人はいます。家でも、腕時計でも、食事でも。

本来の機能があればいいという人もいれば、それらを通して自分の価値観を再認識したいという人もいる。後者の人々は、時にそうでない人には信じられないほどの大金を投じて、気に入ったものを手に入れようとします。

ひそかに高品質なものづくりは、日本の得意としてきたところ。加えて、明らかに高品質なものも、世の中のグローバル化、フラット化がより進んだとしても、必ず求められ続けるはずなのです。

では、そのニーズに応えるのはいったい誰なのか。

誰であるべきなのか。

「過剰品質」が日本の金型を救う

もはやいうまでもありませんが、その役割を担うのは日本のものづくりであり、日本の金型職人です。日本で作れないものは世界のどこでも作れない。大量生産、大量廃棄の世の中で、そういう製品の誕生を叶えてきたのは、ほかでもない、日本の金型職人なのです。皮肉なことにというべきか、ここへきて、日本の過剰品質は日本金型業界の切り札になるはずです。

消費者やユーザーの誰も見ていない部分でも完璧を追求してきたことで、日本の金型業界は人知れず刃を研いできました。「今のご時世、そこまですることはないよね」という考え方が広がりつつある一方、「そこまでしてこそ価値がある」と感じる人もいる。金型における「日本らしさ」は、やっぱりこれからも高品質、高精度によって表されていくべきものではないだろうかと思うわけです。

高級車の内装に期待されるレベルでこれからもさまざまな分野で、人の感性に喜びを与える形や質感を出し続けていけるかどうか。そこにお金を出す価値があると考える人たちがいる限り、製品メーカーはそれに応えようとし、金型メーカーに要求をするでしょう。金型の作り手として、そのリクエストに立ち向かうことができるならば、その人はずっと金型の現場で生き残り続けるだろうと思います。

そのためには、業界の最新技術に関する知識だけでは不十分。自身も鋭敏な感覚を持っている必要があります。

ＣＡＤ設計、加工機械の運転など、金型製作を分業制にして仕事を覚えれば、早くその作業のスペシャリストにはなれるかもしれません。しかし、それだけではやがてＡＩの競争に敗れます。

金型の仕事では、これからは、あるいはこれからも、技術や知識を人間の感性を使って用いることができる人こそが重宝されていくのです。そして、そういう人を私は「職人」と呼びます。

スペシャリストは滅ぶ。

プロフェッショナルは残る。

つまりはそういう時代です。スペシャリストとは、仕事に関する知識が豊富で技術も優れている人。プロフェエッショナルはそういう知識や技術を用いて、喜びや豊かさを感じさせられる人。

違いは、大きいのではないでしょうか。

前者の意識で仕事を考えている人は、金型業界に限らず、今後はますます必要とされなくなっていくように思います。仕事の不備を指摘されても、「言われたことはやりました。自分の役割はこなしています」と、平然と言ってはばからない感性の人たちです。

仕事とは、人の時間を節約し、人を便利にしてあげること。

かつてはそれで十分だったかもしれませんが、AIがその役割をますます担うなか、それしかできない人の価値はこれからますます下がっていくでしょう。

例えば、郵便配達はその昔、離れた人に文字や絵を届けるための時間と手間を節約してくれる、ありがたい仕事でした。しかし、インターネットが普及した今、そこに郵便ならではの価値を見出す人はいません。実際、「若い人には、年賀状を一度も書いたことがない」という人も少なくないといいます。では、こんな時代に郵便配達に価値を感じてもらうにはどうしたらいいのか……。

金型業界でも、分野あるいは金型メーカーの実力ごとに、同じような課題が待っているのです。

ナノの世界の競争で勝つ！

ただし、金型には、技術で勝負する領域もまだまだ残されています。

それは「ナノ」の世界。

ナノ（n）は長さの単位で、1ナノメートル（nm）とは、10億分の1メートルのことです。

このような超微細な世界で利用される科学技術をナノテクノロジーといいます。ナノテクノロジーにより、分子数十～数百個ほどの大きさで素材を加工したり部品を作ったりして、製品の小型化や省力化を実現する競争が世界で繰り広げられています。

ナノテクノロジーが活用できるとして特に期待されている分野は、エレクトロニクス（電子工学）やメカトロニクス（機械工学×電子工学）、化学、エネルギー、バイオ・医療、構造・機能材料（特定の機能を持つ材料や複合的な材料）、環境など多岐にわたります。

ナノテクノロジーの発展によって新しい製品の実用化が可能になれば、当然、そのための金型が必要になります。

例えば、医療の分野では、今は消化管の異常を見つけるには、内視鏡を使って胃や大腸を確認するのが普通ですが、カプセルに小型カメラと照明が内蔵された「小腸カプセル内視鏡」や「大腸カプセル内視鏡」を口から飲むと、それだけで腸内の画像を撮影できます。胃内視鏡（胃カメラ）や大腸内視鏡よりも体への負担が少なく、従来の内視鏡では撮影できない小腸内も撮影することが可能なので、現在は原因不明の消化管出血が見られる人にのみ保険適用で用いられています。撮影が終わるまでの8～10時間、データレコーダーを腰に装着している必要がありますが、やがてさらに小型化が進んで気軽に利用できるようになれば、もっと広く普及していく可能性もあります。

ほかにも、多数の超小型センサーを備えた健康診断デバイスが登場すれば、一滴の血液で多岐にわたる健康診断が家庭でも可能になりますし、顕微鏡を見ながら手術をする微少外科（マイクロサージャリー）の分野でさらに微細な外科手術が可能になれば、今まで治せなかった病気が治療できたり、体への負担をより軽減した手術が可能になります。

医療に限りませんが、このように、さまざまなシーンで機器の小型化および精密化、そしてパーソナル化やポータブル化が進んでいくためには、当然、そのサイズと精巧さを実現する金型が必要とされてくるのです。

ナノテクノロジーの発展は新しい素材の誕生も意味しますから、それらを大量生産品に使用するための金型では、新素材への対応という面からも金型の進歩が求められていくでしょう。


あるいは逆に、製品が大型化することに際して、さらに高精度の金型が求められていくシーンもあります。

代表例は、テレビです。今や大型テレビでは100インチ、超大型では200インチといった画面サイズのものが登場しています。とあるメーカーのテレビでは、110インチが横幅2メートル30センチ超、200インチは4メートル60センチ超にもなります。それほど大きなフレームをほとんど歪みなく成形することができる金型を製作するのには、相当な技術が必要です。

街の外でも、映像が広告に利用される機会は増えつつあり、巨大モニターに広告が流れる様子は特に都市部では珍しくなくなりました。

このように、社会が変われば、新しい技術を利用した挑戦的な製品が生まれてくるのであり、その背後には、必ずといっていいほど金型メーカーの存在があるわけです。その〝金型屋〟が、チャレンジする製品メーカーのパートナーであり続けることができれば、ますますグローバル化で競争が激しくなるこの業界においても、きっと生き残っていけるのではないでしょうか。

最先端の技術に超繊細な感性で挑む。

そういう金型職人なら、おそらくずっと、金型の世界で食べていくことができると思います。

会社のエキスパートになるか、技術のエキスパートになるか

大手企業に入社できればもう安心、という時代ではなくなりました。

世界的に名前の知られた製品メーカーが数千人規模のリストラを敢行したとか、存続の危機にあるとか、あるいは実際に倒産してしまったとか、そういうニュースも、最近は「またか……」という程度です。東証一部上場企業を中心に構成される日本経済団体連合

会（経団連）の会長や、日本のものづくり企業のトップに君臨するトヨタの社長も、2019年春ごろに相次いで「もう終身雇用は難しい」という見解を述べています。

大企業に入り、いい給料をもらいながら定年まで勤め上げ、悠々自適の引退生活を送るというライフプランはもう成り立ちません。「とりあえず大企業を目指す」という就職活動は、ますます意味を持たなくなってきているのではないかと、私は思います。

もちろん、「自分には、この会社に入らなければいけない理由がある」と言い切れるだけの確たる志があるのなら、大企業を真剣に目指すべきだと思います。しかし、「周りがエントリーしているから、自分もなんとなく」という程度であれば、あまりおすすめはしません。運よく入れても、「会社の看板がなければ、なんの仕事もできない人」が出来上がってしまうだけだからです。

会社組織とは普通、大きければ大きいほど分業化が進んでいるものです。何を行うにもその会社のフォーマットとルールに従った書類提出が求められます。スムーズに思いを実現させたいなら、上司や関係者の承認を得てうまく話を通していくようなコツを身に付ける必要もあります。

私が20代の頃に勤めていた、首都圏にスーパーを展開するマルエツという会社は、2019年現在で資本金1億円、従業員数約1万6000人（うちパートタイマー約1万2000人を含む）という規模で、一応、「大企業」の仲間に入る企業でした。店長にもなると、書類の仕事に常に追われていて、大変な様子だったことを覚えています。

組織で上り詰めていくことを目指すなら、こうした「書類を作成するスキル」や「根回しのスキル」に長けていくのも、もちろん必要でしょう。でもそれは、「組織を使わないと実現できないこと」があるから、身に付ける意義があるのです。特に目的もなく、ただ漠然とそういう仕事を覚えても、その結果、なれるものは「その会社のやり方のエキスパート」に過ぎないかもしれません。

実際、同業種の会社に転職したのに「全然やり方が違って驚いた」という話はよくあります。慣れないやり方にストレスを感じて「前の会社では、もっと効率的だった」などと周囲に漏らして反感を買ってしまった、という話も。

高度に分業化された大きな会社で仕事にかける時間と労力は、多くの部分が「その会社で仕事をするためのスキル」を習得するために注がれているという側面は、どうしても否めないのです。

その点、職人として仕事を覚えることの魅力は、業界のどこに行っても通用する実力をつけることができるところにあります。腕の良い料理人なら今働いている店を辞めても、すぐに別の働き口が見つかるであろうことは想像に難くないでしょう。業界人の間で評判がよければ口コミが広がり、時に格上の店からスカウトの声がかかることもあります。

もしあなたが「ものづくりの世界に入りたい」と考えているなら、大きな会社に入るべきか、小さな会社に入るべきかについて、少しでもいいので、ここで触れたような視点も意識していただければと思います。

手に職を付け、立派な職人になると、「あなたにやってほしい」という仕事が舞い込むようになります。「ご指名」で仕事の相談がくるようになるのです。一級の腕を持った金型職人のところへ大手メーカーの担当者が遠路はるばる会いに来るシーンは、私も営業先でよく見かけます。そうして訪問を受ける立場に回るのもまた、痛快な仕事人生ではないでしょうか。

生きていれば、いろんなうれしいことはあるでしょうが、仕事で「あなたが必要です。

あなたしかいないんです」と言ってもらえる喜びは、おそらく、ほかでは味わえません。「お金と納期の心配をしなくていいなら、こんなに楽しい仕事はない」と、金型職人たちは口をそろえて言います。そこまで自信をもって「好き」と言え、夢中になれる仕事で実力を認めてもらい、喜んでもらえる。

そんなわけで、私は金型職人の皆さんを心から羨ましいと思っているのです。

金型を学ぶなら……

金型を作る仕事の面白いところは、ほとんど誰もが同じスタートラインから出発できる点にあります。

「子供のころから機械いじりが趣味で、ラジオを分解したり組み立てたりしたりしていました」という人はいますが、「子供のころから金型が趣味でした」という人はいません。大学や専門学校などである程度学ぶことはできますが、「あらかじめどっぷり浸かっていた人が業界に入ってくる」ということが、基本的には起きない業界なのです。

そのため、本書を読んで初めて金型を知り、その仕事に興味が湧いた人でも、「ほとんど知識がないけど、やっていけるだろうか」と不安に思う必要はありません。スゴ腕の金型職人たちも、ゼロから型の技術を身に付けていったのです。金型メーカーに入ると、きっとまず金型を触らせてくれるはず。「この型からこの部品ができるんだよ」と、優しく教えてくれることでしょう。

50年選手が現役で頑張っている業界です。焦る必要はありません。一つずつ、覚えていけばいいと思います。

それでも金型についてある程度、体系的に学んでおきたいという人は、理系の学部や学科で、履修分野に「機械設計」「エンジニアリング」といったキーワードが入っている大学や専門学校を探してみると、金型の授業と出会えることがあります。ただし、履修コース全体の一部として教えてもらえるだけかもしれません。その場合、金型の原理を学ぶだけで、実際に詳しく設計したり、型から部品や製品を作ったり、といった実習経験までは期待できないかもしれませんが。

日本で金型を専門的に学べる教育施設は、私の知る限り非常に少ないのですが、参考までにいくつか紹介しておきます。

・大分県立工科短期大学校（大分県中津市）

職業能力開発短期大学校で、機械システム系、電気・電子システム系、建設システム系の3系に分かれて即戦力人材を育成。機械システム系に「金型エンジニアコース」があります。専門カリキュラムとして金型技術のなかでも最も需要が多く幅広い金型プレス技術とプラスチック射出成形技術を学べます。在学中に関連する各種資格の受験指導も受けることができます。

・山形県立産業技術短期大学校（山形県山形市）

こちらも職業能力開発短期大学校で、学科は機械システム系にデジタルエンジニアリング科とメカトロニクス科があるほか、系に分かれていない知能電子システム科、情報システム科、建築環境システム科、土木エンジニアリング科、産業技術専攻科があります。

金型を教えているのはデジタルエンジニアリング科で、ＣＡＤを使った設計、精密加工技術などを学ぶことができます。

・岩手大学大学院（岩手県盛岡市）

ここでは日本で唯一、金型・鋳造の修士課程が提供されています。同大学の理工学部専攻の卒業生のほか、他大学や高専の卒業生、社会人に門戸を開いており、大きくは「金型コース」「鋳造コース」が用意されています。カリキュラムは専門科目と実習科目に分かれており、理論と実践を最新設備を利用しながら高いレベルで学ぶことが可能です。

岩手大学には、ものづくり技術研究センターに所属する金型技術研究センターもあり、金型技術研究の高度化、金型技術研究開発の国際的な拠点化、高度専門技術者の育成、新技術・新商品の開発による国際競争力の強化などが目指されています。研究テーマは、解析・設計、加工、表面処理、材料・評価、商品開発とありますから、すなわち、金型に関する全般について研究しているところといってもよいでしょう。

金型の世界に飛び込むのは、このような教育施設で学んでからでもいいですが、一度、現場を経験し、必要なら社会人入学で学び直すことを考えるというプランでもいいと思います。つまり、まずは金型メーカーに就職してしまうわけです。

金型の仕事を経験することほど、金型について早く学べる方法はありません。現場の高齢化が進むなか、好奇心と意欲のある若者はきっと、大いに歓迎してもらえるのではないでしょうか。

本書を通して、一人でも多くの人が金型について関心を深め、〝金型仲間〟が増えることがあれば、著者としてうれしく思います。

おわりに

「製造業に関わりたい」と、業界を指定して就職を希望する人の思いとは、突き詰めると「ものづくりがしたい」という意味にとらえて間違いないと思います。

大手メーカーに就職した結果、適性の都合で経理・財務、人事、広報などを担当することになる人もいるでしょう。しかしそういう人は、多くの場合、「製造業をやりたい」と特に選んで大手メーカーを志望したのではないように思います。学生時代に学んだ会計や経営、マスコミュニケーションなどの知識を用いて大きな舞台で仕事をしたい。そういう思いから、さまざまな業界を対象に就職活動をしていたら、大手メーカーに内定をもらうことができた、という経緯なのではないでしょうか。

あるいは逆に、「自動車が作りたくて憧れの自動車メーカーに入れたけれど、総務部になってしまった。ちっとも車作りに関われない」といったある意味、残酷な配属があり得るのも、大手企業の厳しさです。人はそこで、仕事の意味をなんとか見いだそうとしますが、ちょっと意地悪な言い方をすれば、それは叶わなかった望みを忘れるために、「この運命にも意味がある」と合理化しているに過ぎません。「絶対にものづくりがしたい」と思うのなら、ものづくりができる現場に飛び込めばよいだけなのですから。

ということで、もし皆さんにそんな熱い気持ちがあるのなら、ぜひ、意識の枠を広げ、「金型業界への就職」も考えてみてほしいと思います。

ものづくりの仕事の喜びは、頭の中にしかなかった〝絵〟にゼロから形を与えること。その過程で生じる困難をことごとく知恵と工夫で乗り越えていくこと。そして、生まれた製品が世に流通し、人々が実際に使用すること。製品のどこにも名前は書いていないけれど、確かにその製品には自分の仕事が「形」として宿っていることを実感すること……。

ざっと挙げると、そんなところではないでしょうか。

金型を作る仕事では、このすべてを味わうことができます。

金型作りの仕事では、もしかしたら、華やかなスポットライトを浴びる日はずっと訪れることがないかもしれない。しかし、確かな仕事で世の中に一つ、また一つと豊かさを付け加えているのだ。それが自分の生き方なのだと、揺るぎない誇りを持ち、唯一無二のプロフェッショナルになる道は待っています。

日本の製造業がすごいのは、金型がすごいからである。

本書を通し、そのことを分かってもらえたのなら、本を書いた甲斐がありました。読者の皆さんが、金型作りをしている自分を想像し、少しでもワクワクを感じてくれたのなら、なおうれしく思います。

日本の金型業界のますますの進化と発展を願い、結びとさせていただきます。

２０１９年12月

堀 幸平

堀 幸平（ほり こうへい）

1992年に専門学校を卒業後、スーパーマルエツに就職。服飾衣料コーナーで5年勤務。26歳で結婚を機に退社し、転職活動をするなか、父である先代に声をかけられ同年、三和商工株式会社に入社。当時は4、5人規模の会社で営業部隊の一員を務める。2003年、先代社長が他界し、社長に就任（当時32歳）。会社を引き継ぎ、今に至る。社員数は現在15名。

三和商工株式会社は1967年に設立して以来、金型を全方位的にサポートする事業を専門とし、金型のコーティング、研磨、溶接、洗浄などを行う各種メンテナンス機器を開発・製造・販売している。国内有数の技術力を誇り、自動車、家電、デジタルカメラ、工作機械、建設機械ほか各種大手メーカーやその取引先メーカーなど全国約2000社を顧客に擁する。欧米アジア各地に販売代理店網を持ち、海外でも高い信頼性を獲得している。

ニッポンものづくり研究「金型《かながた》」入門

二〇一九年一二月二七日 第一刷発行

著 者 堀 幸平
発行人 久保田貴幸
発行元 株式会社 幻冬舎メディアコンサルティング
〒一五一-〇〇五一 東京都渋谷区千駄ヶ谷四-九-七
電話〇三-五四一一-六四四〇（編集）
発売元 株式会社 幻冬舎
〒一五一-〇〇五一 東京都渋谷区千駄ヶ谷四-九-七
電話〇三-五四一一-六二二二（営業）
印刷・製本 シナノ書籍印刷株式会社
装 丁 田口実希

検印廃止

Printed in Japan ISBN978-4-344-92618-9 C0253
幻冬舎メディアコンサルティングHP http://www.gentosha-mc.com/